大魚讀品
BIG FISH BOOKS

让日常阅读成为砍向我们内心冰封大海的斧头。

生活的100个基本

过好恒常如新的每一天

[日]
松浦弥太郎
著
冷婷 译

四川文艺出版社

ATTEND
MORE
EVENTS

前言

写完《生活手帖》，我马上启动了《生活基本》的数字出版工作。

《生活基本》的目标是以料理为中心，依托影像和文字向大众传播生活的智慧、日常的修行及当下应该珍惜的品德。

常有人问我为什么把这些东西定义为“基本”。

关于“基本”，我是这样再定义的。

所谓“基本”，就是不厌烦又有趣，每天都有新发现和新认知。

和谁都能分享，就像是随时都能帮到自己的法宝。

它是值得相信、想要守护的事，是投入最大努力的事，是持续在做的事，是美好的事，是比什么都开心的事。

日常生活中，会有哪些“基本”呢？——制作

《生活手帖》时，我满脑子都在思考这个问题。

我想知道这个世上所有真正的“基本”。

我想一个个地发现这些“基本”，学习到底。为了逐一验证，我想把它们语言化，简明快乐地表达出来，分享给更多的人。我想把它们留给后代。

我常和工作人员说：

“我们的工作是要面向100年后的未来，制作100年后还受人喜欢的‘基本’。”

“美好和快乐带给我们的丰实感是无价的，让我们告诉未来，这些都是我们亲手创造出来的吧。”

通过网络媒体实现这一目标是《生活基本》的愿景。

思想家柳宗悦说过：“手与心是相连的。”为了那些想了解“基本”的芸芸众生，我希望《生活基本》能留存下那些因手与心相连而孕育出的美好。

《生活的100个基本：过好恒常如新的每一天》是从数字出版物《生活基本》中选出100篇内容作

为手册出版的纸质书。

请把这本书放在手边，没事随手翻翻。如果书中的某项内容也是你的“基本”，我将由衷为之欣喜。

今天也请精心细致地度过吧。

松浦弥太郎

001

动笔可以召唤幸福，受欢迎的写信方式。

人为什么要写信？写信的目的之一是让对方感受到最浓烈的欣喜。为此，我们传达自己最诚挚的想念，而收信人的那份欣喜就来自这种类似“谢谢”的感恩中。

信，是一种通过遣词用语、段落文字的表述，自然而然传递写信人情感的物件。写信时，必须抱有体谅对方的心情，秉持细微的礼节。不要只顾自己，要恰到好处地考虑对方。为此，分享以下六种体谅给大家。

六种体谅

·不写不开心的事

所谓信件，是为了愉悦收信人的东西。硬要说的话，可以把它比喻成投球，投到对方能轻松接住的地方，对方会很开心，可一旦用力过猛，对方可能接不住。

亲笔写的明信片也很好看呀。

究竟对方会高兴吗？——写信的同时，请多想想对方阅读这些文字时的心情吧。如果必须谈让对方不爽的事，正确的沟通方法是直接见面聊。

· 考虑回信的便利性

写信是一种沟通，下笔时考虑什么样的内容方便对方回复是非常重要的。初次去信，虽然礼貌用语很重要，但对好友而言，类似季节问候等形式上的文字是没有必要的。带着对对方的敬意，用坦率的语言书写，想来你的想法一定能确实传达给对方。秉持纯朴之心写下的信，会让回信也变得简单纯朴。

· 慢慢写字

认真慢慢地写字吧。慢慢写出来的字和着急忙慌写出来的字是不一样的，请正规书写，不要省略汉字，尤其注意惯用字在折、钩等笔画上一笔带过导致字迹模糊的情况。只要正确书写，就能表露用心，收信人自然也会感受到你的心意。

· 信件不要冗长

留意信纸的张数也是一种体谅。考虑到收信人的阅读负担，即便有更多想说的话，也要尽量控制在两张信纸左右。字里行间可以富余出一些空间，不要把文字塞得满满当当也是提高阅读舒适度的方法之一，为此，把想说的事尽量浓缩成一件是至关重要的。

· 封信封要用心

信，不是写完了就万事大吉。为了让收信人拆信时不撕坏里面的信件，为了一下就能顺利撕开信封，信纸要叠放在信封的最里侧。此外，封信封时要替对方着想，不要粘得太死，轻轻涂一层胶水即可。

· 马上回信

尽早回信的话，对方一定会很高兴吧。如果仔细考虑再回信，光考虑就要花大量时间，容易造成进度延迟。建议大家可以在收信的当日先回一封告诉对方已收到的感谢信，然后再慢慢回信。

信是分身

信是写信人的分身，它具有让人愉悦的魔力。有时，一封信能传递用各种方式都难以表明的事。从某种意义而言，你可以把写信看作写情书，重要的是打心底珍惜对方的心情。

偶尔尝试写封信吧，经历写信与收信间的一次次礼尚往来，你自然能判断收到怎样的信是开心的、怎样的信会不开心。通过经验的积累，你的写信风格也能在不知不觉间得以培养。

002

迷茫的时候，
试着给自己提10个基本问题。

生活每天都充满选择和决断，工作亦是如此。

但选择并不简单，困惑和烦恼总是层出不穷。这样真的好吗？——当你遇到诸如此类的“瓶颈”，不妨参考《生活基本》以下 10 个问题，它们当中的某一个或许对你的生活、工作有所助益。

·10 个问题

1　这个真的是能让现状哪怕稍微变好一点点的解决方法吗？

2　这个真的是“不知该如何是好”“想再这样试试看”的新对策吗？

3　这个真的是即便花钱也要知道的事吗？

4　这个真的是即便花费宝贵时间也值得做的事吗？

5　这个真的是非常简单、马上就能做的事吗？

6　这个真的是你熟悉、了如指掌的事情吗？

7　这个真的是适合为最爱的人做的事吗？

8　这个真的是可以跨时代和很多人分享的事吗？

9　这个真的是有趣、快乐、全新的事吗？

10　这个真的是让人幸福的事吗？

003

使用交通工具时，需要注意的礼仪须知。

在和很多人一起搭乘公交、地铁等交通工具时，需注意些礼仪。那么，为了让车内其他人有一个舒适的乘车环境，我们该注意哪些事项呢？这其中容易被忽略的事还挺多的。

· 文明礼貌

乘坐交通工具时，首先要学会“不关心也是种美德”。无论是站着还是坐着，都要举止文明，就像被带到客厅的访客一样，不失礼貌。兴致勃勃地盯视他人是很失礼的。此外，瞥视别人正在阅读的报纸、杂志、手机，都是和“不关心也是种美德”背道而驰的行为，大家应该注意避讳。但不能对有困难的人漠不关心，遇到拎着沉重行李、带小孩出行的人，我们该适时伸出援手。

· 这不是自己家

不管车内有多空旷，都不要把脚伸到过道，不

这个准则也不仅限于乘坐交通工具，
在人多的地方亦是如此。

说声抱歉、谢谢，也是礼仪之一。

要不拘小节地坐着或打瞌睡。还有，在公交、地铁里化妆也是件很荒谬的事，听音乐要选隔音效果好的耳机。

· 品格高雅

挺直腰杆，坐满椅面，轻闭双目——这样的坐姿是不是很美？抑或，将目光投向窗外的风景。所谓坐有坐姿，就是膝盖紧贴，小腿笔直地立好。如没有座位只能站着，以防手弄脏吊环，可用手帕握住吊环，这是种不失优雅的文明之举。另外，有些人喜欢站在门口一动不动，这样会妨碍其他乘客下车。还有不要把行李或包放在座位上占座，不要大声说话。

· 行李应抱在胸前

乘车时，请将大单肩包和背包拿在手里或抱在胸前，以免包包妨碍其他乘客移动。

· 时刻注意身后

进入车厢后，不要因为自己赶上了而放松注意力，因为在你身后还有很多乘客，一旦你停下脚步，很可能导致别人赶不上车。总之，要时刻注意身后，上车后尽量往车厢内移动。

· 令人在意的气味

注意别把特殊的气味带入交通工具从而影响其他乘客，比如酷暑里的汗臭味、浓郁的体臭味、重口味的食物等。无论你觉得多么高级的香水，在他人闻起来，都有可能难以接受。

· 所谓礼仪

上述注意事项要一一列举的话，可就没完没了了。礼仪不是死记硬背的某种规则，而是让人与人之间的交流变得顺畅的智慧。虽然都是些稍微想一下就能明白的事，但一不留神就可能留下遗憾。简言之，礼仪不是用来“记忆”的东西，更不是用来“怀念”的东西，而是用来“思考”的东西。

004

在旅途中听到的
煎鸡蛋的秘诀。

也许是偷懒了一阵子吧，我好久没煎过鸡蛋了，只顾着做各种其他料理，而鸡蛋似乎也在对我说：“别忘了我呀。”总之好想对鸡蛋说声“抱歉”。

在赫尔辛基酒店的最后一个清晨，我点了份单面煎蛋。在此之前，我一直沉迷酒店定制的美味肉桂卷和香浓咖啡，完全没把鸡蛋料理放在心上。某天早上，当我不由自主地闭上双眼品尝肉桂卷时，忽然发现旁边有位老妇人正在津津有味地品尝单面煎蛋。那个当下我心想，明天早上一定要点单面煎蛋。

在赫尔辛基酒店吃到的单面煎蛋。
看上去很普通，但意外地好吃。

就这样，我如愿吃到了单面煎蛋，当然还有刚烤好的培根。自言自语的同时切开蛋黄尝了口，意外地好吃。“哇哦！鸡蛋不仅好吃，煎法也超级完美，就是这个味道！”——我想对周围的人这样说。话说，这个单面煎蛋为什么会如此好吃呢？是北欧的鸡蛋好吃，还是厨师煎蛋的技术高超呢？无论是咸淡还是风味，都很让人感动。

为此，我认为应该对做这道菜的主厨说声感谢。细细品味吃完早餐后，我拜托女服务员：“单面煎蛋太好吃了！请允许我向主厨道谢。”接着，女服务员开心地把我领进了厨房。

主厨是位年轻面善的男性。“真的很好吃，这是怎么煎的呢？”我问。他回答说：“谢谢您，我煎给您看吧。”我连忙点头。

先在加热的平底锅里放入大量黄油，使其融化。此时的灶火非常微弱，然后他竟然哗啦哗啦地撒了点盐。“黄油加盐吗……”我想。紧接着，取出放在笊篱上的两颗已过滤掉一些稀薄蛋清的鸡蛋（我知道这就是好吃的秘诀），小心翼翼地放入平底锅，微火加热直到蛋清变白。主厨说仅此而已，我道谢后返回餐桌，嘴里嘟哝着：“回去一定要煎煎看。”

在融化的黄油上撒一撮盐——这个是我迄今为止不知道的操作。就这样，回国后的翌日清晨，我迫不及待地做了单面煎蛋。味道嘛，虽然挺好吃，但还没到超级好吃的地步……是因为人在旅途才觉得特别好吃吗？算了，下次再做吧。

005

我家的招牌料理是，卓越金枪鱼三明治。

吃之前切成三等份。

想把老少都爱的金枪鱼三明治做得好吃的诀窍是，用手充分揉搓金枪鱼酱，直到鱼酱变得很光滑。所以，金枪鱼酱的美味来自手作。另外，烤三明治也很好吃，请试试看。

·制作方法

1　把洋葱切成两半，再切成薄片，浸泡约 30 分钟去除辣味。

2　用烹饪纸包好洋葱，使劲拧干水。控干净水是做得好吃的要点。

3　把马槟榔切成粗末。

4　将金枪鱼酱放入笊篱，油和水分全部漏干净后用手揉开鱼酱。

5　将金枪鱼酱、洋葱、法式芥末、蛋黄酱、马槟榔和黑胡椒放入碗中，用手均匀地搅拌。

6　用手揉搓金枪鱼酱约 5 分钟直至光滑。多揉几下会增加它的美味度。

7　在面包片与面包片间夹入鱼酱和奶酪，切成方便食用的大小，这样就完成啦。用融化了黄油的平底锅煎烤三明治两侧的话，就变成热三明治了，这样更好吃哦。

食材（两人份）

金枪鱼罐头……140g

洋葱……1/2 个

法式芥末……8g

蛋黄酱……50g

马槟榔……10g

黑胡椒……一撮

切片奶酪（车达奶酪）……2 片

面包片……4 片（切成 8 片）

006

为了绝品蛋包饭，费了番心思。其秘方是酱油。

蛋包饭是一道日本人发明出来的改良西餐，始见于明治时代末期，既是西餐厅的人气菜单，也是家常菜。相信每个人都有自己喜欢的煎蛋卷。先把松软的煎蛋卷铺在鸡肉饭上，然后快速翻转蛋卷和饭，最后倒点特制酱汁就完成啦。蛋包饭的形状和大小各有不同，是道充满创意的料理。

意大利芹的香味是重点。
这样的鸡肉饭，即便直接吃，也很好吃。

离开火源后整理一下煎蛋卷的形状，
就这样，松软的煎蛋卷就做好了。

说到蛋包饭，鸡肉饭是决定其美味的关键。先做好香喷喷的鸡肉饭，然后按照自己的喜好把烤好的煎蛋卷盖在鸡肉饭上，或包裹住鸡肉饭，如此一来，美味的蛋包饭就完成了。下面介绍一款令你心跳加速的蛋包饭，只需在少量鸡肉饭上盖满松软的煎蛋卷就做好了。

想要做出绝品鸡肉饭，最最重要的秘方是酱油，加了酱油做出的蛋包饭美味绝伦。

· **制作方法**

1　去除鸡腿上的鸡皮，将鸡腿切成 1 厘米的小块，加盐和黑胡椒，用手充分揉搓。

2　将橄榄油倒入平底锅，中火加热，在锅中放入大蒜，炒到散发香味。

3　把洋葱倒入锅中，用中火炒 2 分钟，放鸡腿肉，炒 3 分钟。

4　加番茄酱和酱油，混合均匀后，倒入米饭，大火爆炒。最后撒些意大利芹，鸡肉饭就做好了。

5　按人头各做 1 份煎蛋卷。将 2 个鸡蛋倒入碗中，加水和盐，用筷子充分搅拌。

6　用中火加热平底锅内的黄油，使其融化，将鸡蛋倒入锅中，立马用筷子搅拌，关火。

7　利用平底锅的边缘调整煎蛋卷的形状，将煎蛋卷盖在盛好的鸡肉饭上，最后撒上黑胡椒。

* 鸡肉饭的材料（2 人份）

鸡腿肉……100g

橄榄油……两大匙

大蒜……1 瓣（切碎）

洋葱……1/2 个（切碎）

意大利芹……两大匙（切碎）

番茄酱……60g

酱油……一小匙

盐……一撮

黑胡椒……一撮

米饭……150g

* 煎蛋卷的材料（2 人份）

鸡蛋……2 个 ×2

水……一大匙 ×2

盐……一撮 ×2

黄油……10g×2

007

应该这样做
鸡肉沙拉。

下筷子开动前搅拌
鸡胸肉和芹菜。
预先煮好鸡胸肉，
适用于各色料理。

煮熟的鸡胸肉是非常方便的配菜，它适用于各种料理。充分煮烂鸡胸肉的诀窍是用小火慢炖，煮沸后关火，然后用余温继续加热。用手指剥开煮好的鸡胸肉时，去筋也是非常重要的一步。下面给大家介绍我家的招牌鸡肉沙拉，好吃的细节在于切成细丝的芹菜，咬上去咔嚓咔嚓清脆作响。请大家一定试试这道简单又好吃的鸡肉沙拉。

这道鸡肉沙拉我也推荐做三明治的配料，口味清淡的鸡胸肉搭配蛋黄酱汁，一碟超级好吃的三明治就在眼前。

· 制作方法

1　把芹菜叶、大蒜、盐、月桂叶、水、鸡胸肉放入锅中，小火加热，直至沸腾后关火，舀出浮沫后连汤倒入铁桶等容器，待其冷却。

2　将芹菜茎切成约 5 厘米长，再切成细丝，放入水中浸泡约 10 分钟。然后切碎意大利芹的叶子。

3　制作蛋黄酱汁。

4　在蛋黄酱中加入英国辣酱油和一撮盐（适量），均匀混合。

5　将鸡胸肉切成易于食用的大小，记得去筋。将第 3 步的蛋黄酱汁倒入切好的鸡胸肉中。

6　把控水后的芹菜茎加入鸡胸肉中，搅拌均匀。

盛入器皿，撒上意大利芹即可享用。

材料（4 人份）

鸡胸肉……4 块

芹菜茎……1/2 根

芹菜叶……1 根

大蒜……1 瓣

盐……3g

月桂叶……1 片

黑胡椒（粒状）……4 粒

水……300mL

蛋黄酱……3 大匙

英国辣酱油……8g

意大利芹……适量

008

将每片卷心菜
泡入水中清洗。

蓬松的叶子重叠在一起。
拿在手里比看起来更轻。

每年一到可以吃春卷心菜的时候，大家是不是都很雀跃心动？在我看来，买一颗大卷心菜，回家考虑做顿怎样的料理，这是件超级奢侈的事。

你知道春卷心菜的品种不同于冬卷心菜吗？在暖阳回春的这段时期，可以尽情享受春卷心菜松软的口感，就像被改良过一样。无论是生吃还是快速烫一下，那种美味是春天给予的特殊馈赠。

· 基本洗法

一片片剥开外侧的叶子，放入盛有水的碗中，以根部为中心轻轻清洗。快剥到菜心时，叶子重重叠叠，可将其切成两半，浸入水中，一边掰开重叠的叶子，一边清洗。清洗的同时轻轻晃一晃菜心也是个好办法。

卷心菜长出叶子后会一片片向内蜷缩形成叶球，但在其生长过程中会有污垢，需仔细清洗。

· 春卷心菜的味道

春卷心菜的叶片松软娇嫩，饱含甘甜，即便轴部也很柔软，所以完全可以一整颗都吃掉。卷心菜富含维生素 U，有助调节肠胃，是一种特别适合聚餐的春季蔬菜。

· 用热水烫春卷心菜

只需快速倒入热水，即可享受到营养的卷心菜。

1　把卷心菜放入笸箩，以打圈的手势将热水淋洒在整片叶子上。

2　把叶子翻过来，在背面用同样的方法洒上热水。

3　待其冷却。

4　轻轻拧一下，撕成方便食用的大小。

5　放入碗中然后撒盐就做好了。还可根据个人喜好，加橄榄油和芝麻油。

009

向田邦子式的胡萝卜饭，切丝的油炸豆腐和胡萝卜。

繁忙的日子里，
若预先备好了做胡萝卜饭的食材，会很便利。

窍门是去除油炸豆腐的油分和水分。

推荐做便当或饭团。
握饭团时，因为比较难黏合，所以要好好握哦。

散文作家增田佳子在书中记录过这样一个向田邦子的故事：向田在工作繁忙的时候会特别想进厨房，做大量的炖菜和胡萝卜饭，把它们放入冰箱后开始忘我地工作。

胡萝卜饭的做法是："把胡萝卜和油炸豆腐切成细丝，然后稍微煮出甜味，拌入煮熟的米饭。"这也可以说是向田为自己做的好吃的紧急食品吧。一想到她应急的这一妙招，我便不由得笑出声。不过不管怎样，味道一定超级好吧。既然如此，就不如按她的步骤做做看，于是我模仿她做了次胡萝卜饭。

其实把胡萝卜和油炸豆腐切丝挺费事的，但只要认真做，后面就简单了。接下来混合炒芝麻和切碎的生姜。我做的味道偏清淡，大家可以根据自己喜好调整酱油的用量。

· 制作方法

1　预先煮好米饭。

2　将油炸豆腐切成 1/6 大小，放入沸水中，煮 5 分钟左右，去油。

3　完全冷却后用厨房纸压一压，沥干水分，切成细丝。

4　把胡萝卜切成长约 1.5 厘米的细丝，切碎生姜。

5　开中火，将高汤、酱油、料酒倒入锅内，沸腾后放入油炸豆腐。

6　煮 5 分钟左右，加胡萝卜，搅拌均匀，继续炖煮，直到熬干汤汁。

7　关火，加生姜和炒芝麻，均匀地搅拌。

8　把食材混入米饭即可。亦可根据个人喜好撒点盐。

材料（4 人份）

胡萝卜……140g

油炸豆腐……1 张

高汤……100mL

酱油……一大匙

料酒……两大匙

生姜……10g

炒芝麻……两小匙

盐……少许

米饭……0.15 升

参考文献 :《一个人的咖啡》增田佳子（镰仓书房）

010

味噌汤，
即煮即喝。

味噌汤不是一种可以自由搭配食材的料理，所以这道菜蛮有趣的。

如果每天都喝到沁人心脾般美味的味噌汤，想来真是让人非常憧憬吧。味噌汤的美味在于做出怎样的高汤，虽然味噌酱的选择也很重要，但高汤才是味噌汤的灵魂。

鲣鱼干高汤是日本独有的东西，它是一道传统的日本料理，没有以家畜及家禽作为原料，也没有使用油脂和香料，是日本饮食文化的结晶。

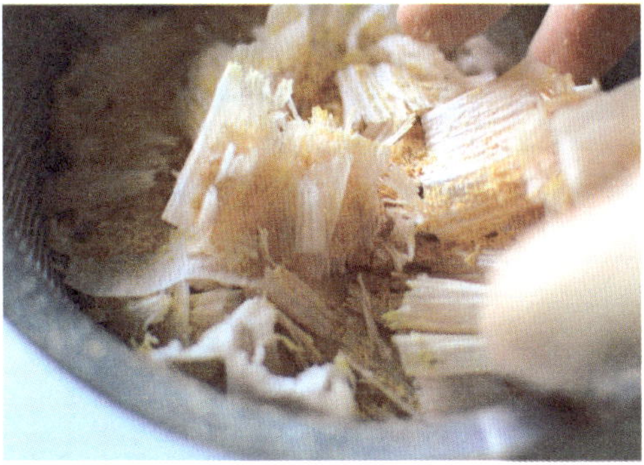

自己刨的鲣鱼干，香味截然不同。

即便不用滤酱筛子，只要能溶化在鸡蛋里就没问题。

· **海带和鲣鱼干高汤**

让我们来做海带和鲣鱼干高汤吧！

一升水对应准备的材料是：一片海带（约 20 厘米 ×10 厘米）和一把鲣鱼干（约 20 克）。

自己刨的鲣鱼干不仅香味好，熬出的高汤也特别好喝。只要事先准备好刨盒和鲣鱼干，每次刨起来也不会特别费劲。另外，最理想的状态是每次煲汤前刨鲣鱼片，刨好立即煮汤，否则放久了会氧化，香味美味尽失。刨好的鲣鱼片因为混有粉末，建议用笸箩轻轻筛一筛再下锅。

刨好鲣鱼干后接下来要处理的就是海带。取一块湿布，拧干水，擦拭表面，海带的白色粉末味道鲜美，可以保留。然后在加了水的锅里放入海带，泡发至少 30 分钟。

开中火煮海带，在即将沸腾时加入鲣鱼干，并立马转为小火，注意不要让汤汁翻滚出锅外。一分钟后关火，当鲣鱼干沉入锅底，在笸箩上铺好厨房用纸。

高汤虽然能冷藏保存两天，但不管怎样还是会走味，所以我建议每次喝多少煮多少。

·制作味噌汤

味噌汤“一煮就好”，重新加热味道会变差，所以请“即煮即喝”。

·大葱和豆腐味噌汤

1 把大葱斜切成段，切多少看个人喜好。往锅里倒三杯高汤，中火加热，沸腾后加入葱段。

2 把绢豆腐（1 小块）放在手掌上，切成 1.5 厘米的四角形，放入锅内。

3 快煮豆腐，调成小火。取 2.5 大匙白味噌和 0.5 大匙红味噌，搅拌。由于豆腐的水分会稀释高汤，所以豆腐的味噌汤要做得稍浓些。

4 味噌汤的配比量是：高汤 10，味噌 1。请记住这个比例。

鲣鱼干高汤熬出的鲜味是日本独有的美味，成功的高汤应该从第一口到最后一口都好喝。

011

木砧板发出的优美声音。

砧板是厨房不可或缺的道具之一，那么，大家都在用怎样的砧板呢?

我猜很多人都用塑料白色砧板吧，它容易保养，很难变味。卫生干净更是其受欢迎的理由之一。使用方法也很简单，拿起来就能用，还可直接用洗碗机清洗，对忙碌的日常而言可以说是很万能的工具了。

但要知道的是，用氯漂白剂溶液定期去除砧板表面的污垢及杀菌是很重要的。因为我们用它切了各式各样的食材，日积月累，砧板会渐渐变黄。平时只需顺手拿过来，切完菜冲洗一下，湿答答地立在一旁即可，真的非常方便。

用木砧板切菜的话，会很快乐。

·木砧板

大家怎么看木砧板？其实比起塑料砧板，木砧板对菜刀的保护更胜一筹。

不同种类的木头，柔软度也不同，所以根据自己喜好选择木砧板是件很有趣的事。用木砧板切菜时，能听到菜刀与砧板碰触的咚咚声，我觉得这也是用木砧板的一大乐趣。最近市面上有很多大小不一的木制砧板，有时还可代替盘子使用，我觉得很方便。

如果就木头种类而言，桧木既能杀菌也很卫生。此外，想要排水性好的砧板，银杏和朴木是不错的选择。众所周知，最高级的砧板是银柳制，它取材于纯天然的银柳木，制作精良。用银柳砧板切菜的话，刀刃会变得柔软有弹性，切起菜来一点也不费劲。另外切菜的响声也很轻柔，令人怀念。总之，它是我期待有朝一日能体验的砧板。

木砧板在使用前一定要打湿，然后用干净的抹布擦干水后使用，因为适当的水分可以防止砧板吸收气味和沾上污垢。另外，切菜时一定要放块湿抹布在旁边。

无论是木砧板还是塑料砧板，都没必要每切一种菜清洗一次。一定要清理的话，可稍稍倾斜菜刀，在砧板上从左往右移动剐蹭，然后用湿抹布擦一下砧板表面。此外，可选择性地用砧板的正反面切不同的菜。

为了更好地保养木砧板，建议切完菜后用冷水冲洗。如果沾上了鱼或肉的味道，可以先用盐擦一遍，气味会马上散发掉。平时用水和刷帚去除污垢就可以了，洗完擦干水，立在一旁阴干。

·温馨推荐

木砧板虽然保养起来有些费事，但做菜时的快乐和喜悦却无与伦比。无论使用正、反两面，还是看心情区分使用，它都能满足需要。

如果要再啰唆一句的话，推荐爱护菜刀的人使用不伤刀刃的木砧板。

每每看见厨房的木砧板总觉得很开心，而平日里菜刀咚咚咚的声音竟能让下厨房变得如此快乐，真是太惊喜了。

012

料理即手作。

有时我会边做菜边反复在脑海里嘟哝“没有比手更好用的工具”，然后不禁点点头。

当今时代，方便的东西被接连不断地制造，新产品、新服务、新技术等便利的新事物充斥着我们的生活。新事物具有让人喜悦的魅力，如果能边学习边巧妙吸收，那该多幸福啊。然而，凡事需平衡。若一味追求便利，就会遗忘那份稍做耕耘即可收获的喜悦。

生活只图便利和新颖的话会索然无味，于是我想到了“没有比手更好用的工具”这句话。稍稍远离便利和新颖，体味不便，尝试努点力的生活方式非常重要。我有一个超级棒的工具，那便是手。即便两手空空，但只要有这两只手，就会涌现“总会有办法、什么都可以尝试”的新希望。

仔细想想，所谓便利的新事物，尽是些为了不用手、不弄脏手的代替双手的工具。但是，既然我们难得拥有双灵巧的可以好好做事的手，就该充分运用起来。我想用这双手努力做料理，通过做料理愉悦那些我珍惜的人。而我之所以执着于亲手做菜，正是因为这份心情。

料理的美味，是制作者一心为食客考虑，从热情、真心和努力中孕育而生的手作的味道。

料理的美味在于事先的准备，各式各样的准备工作都要靠手完成，让双手发挥其本领。为了做出不失食材原味、任何人都吃得舒服的美味料理，我想竭尽全力使用自己的双手。

当然，料理原本就是用手做出来的。我们会用事先准备好的手切蔬菜等食材。为了切菜，我们尽可能地运用双手。如果仔细观察工作中的双手，你会发现它是那样地美丽，那样地快乐。为了吃客，我们祈祷做出融入手作味的好吃的食物。

亲手做的料理不仅漂亮还充满趣味，因此我觉得好吃，面对这些饭菜，我会自然而然地双手合掌，对它们说声“开动了”和“谢谢款待”。

013

轻柔柔软，快乐熨烫。

无论是衬衫、罩衫、裤子，还是连衣裙、手帕等，熨得平整笔挺的话，心情会很舒畅。当然，熨衬衫和罩衫很费事，所以很多人总是交给洗衣店来熨。但自己洗衣服、熨衣服这样的日常习惯能让我学到很多东西，因此凡事都该想着先自己尝试看看。

·养成熨衣服的习惯

熨衣服可以从学习熨衬衫开始，只要能熨好衬衫，其他衣物都不在话下。虽然起初都会不熟练，但只要按照基本熨烫方法反复练习几次就能马上进步，紧接着你会惊喜地发现熨衣服竟然如此有趣。例如，培养周日下午熨烫接下来一周要穿的衬衫的习惯，把握生活节奏，非常不错哦。

·衬衫该这样熨

我来介绍下熨衬衫的方法吧。根据设计的不同，虽然工序多少有些不同，但请以我说的步骤为基础。

FRAY

如果熨斗没有蒸汽功能，可以用喷雾让衬衫整体变得轻盈。

先从小地方开始熨，按照先袖口周围、领子、袖子，再左前片、后背、右前片、肩部的顺序进行。最后一道工序是仔细观察，确认有无褶皱和褶线，然后用熨斗熨平。如果遇到很难熨的褶皱或褶线，可用指尖蘸点水，沿着褶皱和褶线将其打湿，然后从上往下用熨斗熨平整。

熨衬衫的要点是要注意领子、袖口周围、胸部、腋下和肩部布料接缝的地方，这些部位比较显眼，要格外留心。

·熨衣服的诀窍

右撇子一般用右手熨衣服，但其实运用好左手是关键。比如可以用左手手指拉伸布料，同时在熨斗的前方向前移动。此外，熨斗一般是从右向左或自下而上移动。

熨衣服的时候不用特别使劲，要利用熨斗的重量熨平布料。根据部位的不同，有时需从左向右移动熨斗，这时可换左手拿熨斗，右手拉布料。

其实熨衣服的要点不在于握住熨斗的手，而是拉布料的手和指尖。刚熨完的衬衫因为含有水分，所以建议挂在衣架上晾干后再叠起来收纳。

·没有比手更好用的工具

洗好熨好的衬衫直接穿的话乍一看很漂亮，但一定有折痕，建议大家穿之前再熨一下。因为之前熨过一次，所以简单熨一下整体即可，相信即便是第一次熨衣服的人也能出色完成。亲手熨过的衬衫一看便知，干净整齐、蓬松柔软，穿起来心情舒畅，因此我认为没有任何东西可以胜过勤劳者的手。

最后，白色衬衫请用热水清洗，因为热水可以很好地去除领子上的污渍，让衬衫回归白净。

014

收纳的基本是禁止“姑且”。

想必很多人都会为收纳而烦恼吧。桌面、房间的角落、抽屉、衣柜等，有很多想收拾干净的地方。但因为东西太多，我们常常很难轻松搞定，那该怎么解决呢？

· 所谓收纳

所谓收纳，就是将日常生活及工作的所需品保持在随时都方便使用的状态，而不是“姑且”塞满空着的地方或把空间堆到超级狭窄，请把“姑且”当作收纳禁句吧。

好好区分每天要用的东西和不太用的东西，尤其是要用的东西，得收纳到用时快速够到，不用马上放回的状态。

· 管理空间

无论是房间还是收纳场所，生活空间都是有限的。一旦空间被完全占据，生活就会变得不那么舒畅，为此我们要谨慎估算自己的生活空间和拥有的物品数量，将收纳维持在八分左右。要是增加了什么，就得减少什么，管理好空间内的物品，使其不超过八分以上。

· 培养这样的习惯

收纳的烦恼最常出现在诸如厨房用具、餐具、衣服，还有书籍和杂志上，而我能给的建议就是清点总量，优先选出日常用品，减少闲置品。诀窍是培养每月清点数量的习惯，整理整顿。

这样一来，物件不仅能在控制数量的前提下被妥当整理，我们还能构想出适合自己的规则和方法，改变选品维度，抱以改善的心态好好努力。

015

心平气和地
缝抹布。

·缝抹布

抹布好比主妇的巧手。用布叠缝的抹布，可以用来擦地板、窗户玻璃上的各种污渍。根据不同的用途，抹布可分别用棉、麻、绢来自行缝制。

就拿用旧了的毛巾来说，与其扔掉，不如缝一缝随手拿来擦擦周围或房间。虽然现在买什么都很实惠便利，但缝抹布可擦拭生活，带给我们恰到好处的平衡感。用针和线缝补布料的手工活儿和做料理一样，是谁都可以用双手完成的，有无可替代的美妙。再者，专心缝抹布也能给心灵带来片刻安宁。

在我看来，没有什么能比叠放自己缝制的抹布更令我开心的事了。每逢此时，我都会想用它们把家里打扫得干干净净。

· 愉快的抹布手作

今天尝试一下缝抹布吧，很有趣哦。

对半剪开旧毛巾，对折即可用作抹布。如果旧毛巾偏薄，可以在中间夹一块废布保证抹布的耐磨度。

线的话可以使用 100% 棉的 30 号线或衲厚布块用的线，针则根据使用的线来搭配选择。此外，线的颜色可自行挑选，不过红色、蓝色、黑色等深色系因其显色度高，方便缝制不伤眼，成品也很耐看。

取两根线（如果是衲厚布块的线取一根即可），从四周开始一针一线地缝。缝的时候注意不要用力拉扯线，可以缝得稍松些。缝完用手捋一捋抹布，尤其四周，缝严实才会结实。

缝好四周再缝内侧，你可以自由发挥走线，比如格子或对角线等。但就难易度而言，我推荐先从一横一纵、有固定间隔的图样入手。缝对角线时，请用笔打好草稿。总之，针脚越多，抹布就越扎实。

缝一块抹布需要一到两个小时，所以可以在休息日或忙完一天闲下来的时候不慌不忙地慢慢缝。无法一次性完成，花个两三天也是可以的。另外，走线不整齐也没关系，因为手作的乐趣才是最珍贵的。

· 干净的抹布

独自缝抹布心情会变得平和，所以这是件有意义的事。越是每天奔波忙碌的人，我越推荐晚上睡觉前做一会儿针线活儿。

做好几块抹布后，请整齐叠放。从我的经验来看，一般缝完一块会忍不住想继续多缝几块，因为看着自己的手作作品，真的会发自内心地觉得它们太可爱了。

新抹布可以用来擦台架，旧抹布擦地板，要扔掉的抹布擦大门。

最后，你知道“清洁擦拭”这一说法吗？这是一种用抹布擦掉污垢后再用干净的抹布擦一遍的清洁方法。如事先准备好清洁擦拭用的抹布，想必生活会很美好吧。

016

“一直以来谢谢你了”，这是清扫的基本。

排除气味和烟雾的换气扇是生活不可或缺的工具之一，如果没安装，厨房很有可能会成为全家最脏的地方。而厨房之所以很容易变脏，正是因为它对我们的生活有很大帮助，所以请怀着“一直以来谢谢你了”的心情，尽全力打扫干净吧。

为了健康，请使用干净的换气扇。

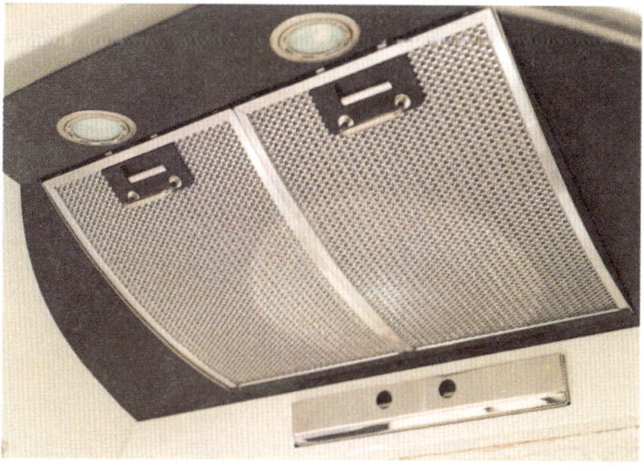

罩子里有叶片。

· 仔细观察

换气扇的种类有螺旋桨风扇式和抽油烟机式，清洁换气扇需取下叶片，擦掉上面的油渍，所以清洁前可以先观察一下叶片及其周围的污垢情况，以及换气扇的构造。

· 需要准备的东西

需要准备的东西有碱性炉灶用洗涤剂、橡胶手套、可以弄脏的毛巾、厨房用纸、抹布、旧牙刷、螺丝刀、报纸。报纸可以铺在换气扇下方放置零部件和需要移动的东西。

· 拆卸叶片

叶片很容易划伤手指，请一定佩戴橡胶手套作业。首先关闭换气扇的电源，摘除罩子，其次用毛巾使劲按住叶片，向右转取下把手。抽油烟机式的换气扇也同样需要拆卸叶片，如果有过滤器，可以把拆下来的过滤器也一同清洗干净（由于过滤器较大，可以在浴室或室外清洗。每台过滤器的规格和构造都不同，清洗前请先仔细阅读说明书）。

· 清洗污渍后

先将取下来的叶片和罩子放在报纸上，然后用牙刷刷掉含油的灰尘。

· 来，冲洗吧

把叶片和罩子放入水槽，没有死角地喷上炉灶用洗涤剂，放置 2 ~ 3 分钟。待污垢浮出，用厨房用纸擦除，然后再用海绵水洗，用抹布擦干水气，注意不要有水分残留，否则会导致换气扇发霉。

· 顽固污渍

对付顽固污渍，可用小苏打糊。小苏打和水的兑比为 3 ∶ 1，用汤匙搅拌。当混合物变成糊状，即可涂在风扇沾有污渍的地方，放置 5 ~ 10 分钟后用热水冲洗干净。

· 善后处理很重要

装回清洗后的叶片和罩子后，叠好弄脏的报纸，仔细打扫水槽、工具及周边，不松懈善后处理是清扫厨房的重要一环，全部做完才能收工。建议大家记下上述步骤，或许对下次的清扫有所助益。

017

先努力养活一株
自己喜欢的花吧。

日常有时间接触花是非常美好的事。花，是有生命的生物。每次看到花，我都会触摸凝视许久，心想：“啊，真漂亮啊！”虽然彼此无法用语言交谈，但通过接触和注视，我们可与之对话。

·先养一株

驻足门口看着店内五颜六色的花儿，很多人都会烦恼选哪束吧。但若是自己喜欢的花，遇见时就会立刻感慨“好漂亮啊”“好美丽啊”，推荐先选一株这样的花。

不管什么品种的花，最多只能保存三天。花和食物一样，应季的花能量充沛，所以不妨选些鲜度高的时令花。

·把花插在你喜欢的器具里，然后放在你喜欢的地方

买了花首先要考虑的是把它放在哪里以及怎么装饰，其实无论是餐桌还是厨房、卧室或卫生间，

也可以从花店的展品学习如何插花（摄于 Le Vésuve）。
注：Le Vésuve，是一家位于日本东京都南青山的花店。

都是不错的选择。决定好装饰的地方后，可根据花束的大小及摆放环境来选择花瓶。同样的花会因花瓶样式的不同而营造出不一样的氛围。这时要舍弃“花是活在花瓶里的东西”这一固有概念，类似贴有标签的精致果酱瓶、调味料瓶，也是不错的选择，请在家里随意找找看吧。

·充足的水分

要想让摘下来的花活得久一些，水分非常重要。插花前请先修剪花茎，打造一个通畅的吸水口。如切口不整齐，花朵将无法充分吸取水分。修剪时，倾斜花束，用剪刀麻利地咔嚓剪断，然后把花束放入水中一段时间，花茎内有像泵一样的构造，水分会源源不断地供给到花朵和叶子。如果没有花剪刀，可用厨房剪刀代替。

·保持好平衡

说了这么多，来试着养养看吧！一般注入半花瓶水即可，如花茎比花瓶高出很多，可果断剪短些。为了延长花期，甚至可以把花放在盛有水的扁平玻璃器皿里，使其轻轻漂浮在水面，随着花茎长度的缩短，鲜花对水分的需求也会相对减少。另外，泡入水中的花茎如有叶子或枝条，建议直接剪掉，因为多余的叶子和枝条会消耗养分，导致花朵水分供给不足。

·平常心

插花最重要的是不考究技巧，无拘无束，珍惜瞬间的感性，不当花是物品，而像对喜欢的人一样温柔。虽然一枝花很难传达意境，但组合的花枝可以呈现插花人当时的状态和心情。

想自然而然地插出有品位的花，得下意识放平心态，冷静面对。插花时心烦意乱的话，整个造型就会失去气势，因此心无杂念、匀速有序很重要。

· 换水

虽然每天换水是最好的，但如果因为要每天坚持而觉得痛苦麻烦，那插花就会变得毫无乐趣，得不偿失。如果是可以养一周的花，那至少一周换一次水。正如肚子饿了要吃饭，也可以给花浇浇水。为了防止细菌滋生，要勤洗花瓶。对付较难清洗的花瓶，可以倒洗洁精放置一天。

· 喜欢的花

随着生命的流逝，花儿渐渐枯萎。枯萎前，可取出喜欢的花束做成干花收藏。

忙碌的日常，放空赏会儿花，多么令人怀念。如实在抽不出这几十分钟，刹那间目光的凝视或突如其来的一缕花香也足够慰藉，给予我们更多插花的乐趣。

不管怎样，先买一株喜欢的花，随意养养看。

插花，是场和弱小生命的对话，请享受与花束的愉快畅谈吧。

018

多做几次烤苹果，自成一派。

烤好啦。
甜甜的香味慢慢扩散。
先吃点刚出炉的烤苹果吧。

烤苹果是一道闻名的美国家庭料理，每家每户的调味和做法都不一样，味道更是各式各样。在美国，好吃的烤苹果能让人不禁边走边吃。它是母亲的味道，是任何人都会喜欢的甜点。

下面介绍苹果丰收的季节如何快速制作烤苹果，其实超级简单，可根据个人喜好随意选择配菜，如葡萄干、坚果等。建议大家多做几次，摸索自家风格。此外，热气腾腾的烤苹果可搭配香草冰激凌一起享用哦。

隔夜的烤苹果味道也很不错。用微波炉加热后会稍稍变得有些柔软，但味道却渗透得非常独到。

· 制作方法

1　把洗好的苹果切成两半，用刀尖挖出果核。将苹果排列好放在铺有烹调纸的烤箱中，黄油按每 10 克分装好，放入果核之前所在的位置。同步用果汁机榨橙汁。

2　在苹果的切面上撒些肉桂粉，放上饴糖。

3　用勺子浇上蜂蜜，把榨好的橙汁均匀地倒在整个苹果上。

4　用 160 摄氏度的烤箱烤 40 分钟左右。

5　把烤好的苹果移到其他容器内，用勺子舀起托盘上残留的酱汁，浇在苹果上。

6　给苹果装盘，搭配香草冰激凌就完成了。此外，可用削皮器削碎剥下的橙子皮，撒在苹果上。

材料（易操作的分量）

苹果……3 个

黄油……60g

肉桂粉……3g

饴糖……40g

蜂蜜……60g

橙子……1 个

香草冰激凌……适量

019

尝试动手做
格兰诺拉麦片。

这次一共用了 2 个苹果，1 个用于制作干苹果，1 个用于格兰诺拉麦片。

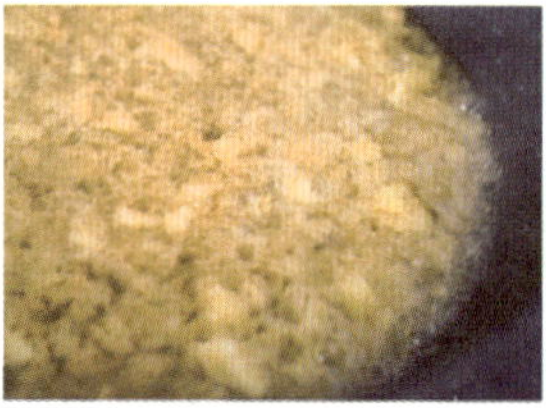

煮苹果会散发出甘甜的香味。可根据个人喜好添加肉桂。

富含食物纤维的苹果和燕麦很搭哦。

充分烤熟格兰诺拉麦片需 10 分钟，其间请反复均匀搅拌麦片。

擦丝的苹果可以搭配格兰诺拉麦片一起烤，
这样口感很松脆。

我很喜欢格兰诺拉麦片，所以一直在摸索新口味，比如搭配苹果，不知味道如何？抱着这一想法，我反复试验了很多次，最后发现苹果必须搭配蜂蜜。把擦丝的苹果和蜂蜜放一起慢煮，然后混合燕麦煎烤，这才是苹果格兰诺拉麦片的最佳制作方法。苹果的纤维在制作过程中变得口感松脆，而蜂蜜正好起到锦上添花的效果。此外，搭配杏仁味道也超乎想象。

做格兰诺拉麦片的秘诀是每隔 10 分钟将其从烤箱中取出，反复搅拌，直至均匀。冬天的格兰诺拉麦片老少皆宜，既可当点心也能做早餐，大家不妨试试看吧。

·制作方法

1　切开苹果，削皮，擦丝。将擦丝的苹果、蜂蜜、椰子油倒入平底锅，开火加热，沸腾剩 2/3 的量后调小火，用铲子搅拌的同时煮 10 分钟左右。

2　加盐和燕麦，搅拌均匀后关火。放杏仁，大致搅拌几下。

3　将混合了苹果等食材的燕麦铺在放有烹调纸的烤盘上，用 170 摄氏度烤 15 分钟。

4　取出烤盘，搅拌均匀，再烤 10 分钟。然后将温度降到 160 摄氏度，继续烤 10 分钟，取出搅拌，再烤 10 分钟，烘烤的时间一共是 45 分钟。

5　45 分钟后请别着急打开烤箱，待充分冷却后再取出。水分会在冷却的过程中流失，而格兰诺拉麦片也会因此变得松脆可口。

这次我在格兰诺拉麦片上面放了干苹果，可搭配牛奶、酸奶、冰激凌等一起享用。

材料（易操作的分量）

苹果……1 个

苹果……1 个（用于制作干苹果）

蜂蜜……60g

椰子油……90g

燕麦……300g

烤杏仁……100g

盐……1g

020

做胡萝卜蛋糕时，需粗擦胡萝卜。

我迟迟无法忘怀孩童时在朋友家吃过的自制胡萝卜蛋糕，它的美味着实令我惊艳。从那以后，岁月流逝，我在母亲珍藏的《太太手帖》里发现了手制美国家庭胡萝卜蛋糕的食谱，于是我打算什么时候做做看。

据食谱记载，胡萝卜蛋糕的特殊之处在于使用色拉油，它和黄油不同，清淡易入味。另外可根据喜好添加奶油芝士糖衣。

胡萝卜蛋糕冷藏后食用会更甜。

顶部既可以放葡萄干和核桃，也可以放菠萝丁，随意组合。

· 制作方法

1 使用的模具长 15 厘米、宽 20 厘米。先在模具内侧薄薄地刷一层黄油，然后撒上低筋面粉，拂去多余的粉末。

2 把烤箱调到 160 摄氏度。用削奶酪器或削皮器将去皮的胡萝卜擦丝。

3 将色拉油和砂糖倒入大碗内，用搅拌机充分搅拌，待发白后加入少量打好的鸡蛋，继续搅拌。

4 在大碗内加入刨好的胡萝卜、葡萄干、碎核桃、香草精，用铲子混合搅拌。

5 在低筋面粉内加肉桂粉和发酵粉，分两到三次用筛子筛入装有面团食材的碗内，边筛边用铲子轻轻搅拌。注意不要搅拌过度。

6 将面团倒入模具中，压平整，用 160 摄氏度烤 50 分钟左右。

7 烤蛋糕的间隙可转手制作糖衣，用室温软化的奶油芝士和黄油，加入柠檬汁、香草精和糖粉，搅拌均匀。

8 从烤箱中取出烤好的蛋糕，放在模型网上冷却。

9 在冷却的胡萝卜蛋糕上涂满糖衣，放入冰箱冷藏。待糖衣稍稍凝固（糖衣不会完全凝固），切成喜欢的大小尽情享用。

* 可在冰箱内保存两天左右。

材料（易操作的分量）

胡萝卜……280g（一大根）

葡萄干……40g

烤核桃……50g

鸡蛋……2 个

色拉油……200mL

砂糖……80g

香草精……5 滴

低筋面粉……180g（过筛）

肉桂粉……3g

发酵粉……4g

* 糖衣的材料

奶油芝士……110g

黄油……75g

柠檬汁……30mL

香草精……5 滴

糖粉……100g

参考文献 :《太太手帖》1980/10 月号

021

中国的春节料理，
用琥珀核桃待客。

装在瓶子里，
作为小礼物也不错吧。

在熟悉的中国料理店，我吃到了一种核桃点心。微甜，香喷喷的，很酥脆，意外地好吃。因为太好吃了，我问店员哪儿能买到，对方回答说是手工制作的，于是我拜托请一定教我怎么做。对了，据说这道点心名为琥珀核桃。

琥珀核桃是中国春节传统小食，富含对身体有益的脂肪酸，当点心再合适不过。制作方法也很简单，煮一下核桃，撒上砂糖油炸即可。请一定试试看，推荐用它来招待客人。

· 制作方法

1　把核桃放入沸水中煮 2 分钟，去除其涩味。

2　捞出煮好的核桃放在笸箩上沥水，趁热撒上上等白糖。

3　加热油温到 170 摄氏度，开大火炸核桃。注意不要让油温下降。

4　别过度搅拌，炸到核桃表面冒出小气泡。

5　先把炸好的核桃放在笸箩上，然后转移到涂有色拉油的方平底盘内。大范围地撒上白芝麻，常温下冷却（这时如果搅拌，糖会结晶，所以注意不要搅拌）。

6　彻底冷却后，用手掰开一个个黏在一起的核桃，这样就完成啦。

材料（易操作的分量）

核桃（无盐）……200g

炸东西用的油……适量

上等白糖……90g

白芝麻……3g

022

清新的甜味让人上瘾，番茄酱的制作诀窍。

一起来手制番茄酱吧，就像做果酱一样。番茄酱是非常方便的配料，既可做蛋包饭和煎鸡蛋的调味汁，也可放在意大利面、油炸食品、面包上当沙司。

用新鲜的番茄制作健康的果酱吧。

西红柿和洋葱的鲜味十足，是营养丰富的酱汁。

· 基本番茄酱

用橄榄油热炒精心切好的西红柿和洋葱，然后慢慢煮熟，大自然的甘甜令人上瘾，味道绝佳。番茄酱是款万能调味汁，把它放汤里加热，即可制作味道柔和的西红柿汤。

1 摘掉番茄蒂，用刀在番茄上划出十字形，倒入沸水中。约 1 分钟后，捞出放入冰水，剥皮。

2 把番茄切成两半，去籽后切块。

3 将洋葱、大蒜、罗勒切成碎末。

4 开中火，在锅内倒入橄榄油，爆炒大蒜，直到散发香味。加洋葱，中火炒 5 分钟左右，注意别炒焦。

5 加番茄酱、月桂叶，搅拌均匀，再加番茄。

6 加盐，边搅拌边用小火慢炖 45 分钟就完成了。

7 番茄酱可放在煮好的意大利面上或用作煎鸡蛋的调味汁，用途宽泛，请慢慢享用。

材料（4 人份）

西红柿……800g（大概 7 个小的）

番茄酱……50g

洋葱……1 个

大蒜……1 瓣

罗勒……2 根

月桂叶……2 片

盐……一小匙

橄榄油……100mL

023

美味的牛排煎好后，用铝箔纸包好静置几分钟。

该怎样才能在家里煎出美味的牛排？下面揭开把牛排煎得柔软好吃的秘诀。

肉质惊人地松软。

· 用小火煎

在这里给大家介绍半熟的煎法。煎牛排时，平底锅的大小至关重要，尺寸如无富余，则很难煎得好吃。如果是长度约 10 厘米的肉，那就选用直径约 20 厘米的平底锅。

首先解冻肉，然后把恢复常温的肉放入倒有色拉油的平底锅，炉火调至微弱。其实与其说是煎肉，倒不如说是把肉轻贴在平底锅上，直至肉的表面及背面变白。为了锁住肉汁，可以给肉刷一层涂层。最后注意不要煎焦。

· 烤痕

在整体变白的肉上煎出烤痕。火候调成中火，不要移动锅里的肉，表面和背面各煎 1 分钟左右，然后撒上盐和黑胡椒，注意一定不要煎老了。

· 醒肉有助口感松软

如马上切开刚煎好的肉，肉汁会溢出，所以要用铝箔纸包好静置几分钟。这么做的关键在于保温的同时让肉休息会儿锁住肉汁，醒肉的时长与煎肉差不多，比如煎了 2 分钟，那就让它相对应地休息 2 分钟。为了均匀肉汁，包在铝箔纸里的肉静置一段时间后，请连同铝箔纸给它翻个身。

醒肉能促使肉质变得松软可口。吃之前，可用烤箱或平底锅再稍微加热一次。

好吃的煎牛排，只需放盐和胡椒调味。

024

要这样洗菠菜。

随着天气渐渐转寒，
菠菜根部积存了很多甜味，特别好吃。

短时间内迅速煮熟，
菠菜的甘甜融入其中。

菠菜的根部很容易堆积泥浆，大棵可用刀十字形切入根部，小棵则一字形，切完拧开水龙头，利用水流冲掉泥土。另外，叶子上的白色颗粒是一种名为“蜡物质”的自然产物，它是植物为了御寒分泌出来的物质，没有危害。如果一定要清理，可用装满水的碗甩洗，最后残留一点也无妨。

· 菠菜的味道

凭借厚叶子抵御寒冬的菠菜被称为“黄绿色蔬菜之王”，它的营养价值非常高，富含铁和维生素 C，铁可预防贫血，维生素 C 可调节肤质。

对容易疲劳的人及女性而言，菠菜是人气蔬菜，尤其菜根，甜味十足，特别好吃。

· 在家炒菠菜

1　洗净两株菠菜，切成 5 ~ 6 厘米宽。

2　将 2/3 大匙的色拉油倒入平底锅，大火加热。

3　加菠菜，快速翻炒，当菜全部沾上油后马上倒一杯热水，盖上锅盖，收水约 10 秒。

4　把剩余的 1/3 大匙色拉油倒入锅内，用大火快速翻炒，水分蒸发后即可装盘。

025

令好吃鬼都沉默的
美味手作柑橘醋。

日本吃火锅离不开柑橘醋，新鲜清爽的果汁遇见鲜味浓郁的汤汁，这一绝妙搭配是其美味的秘方。今晚试试用手工柑橘醋做鸡肉汆锅吧！

· 手作柑橘醋

手作柑橘醋好吃到让人不禁想要拍桌子。“既然如此美味，即便需要花点功夫，我也想亲手做做看。”——想来尝过的人都是这样想的吧。哪怕是挑剔的好吃鬼，也会对它服气得说不出话来。

1 拧干湿毛巾，轻轻擦拭海带表面的污垢。

2 在小锅内加酱油、日式甜料酒，开火加热。沸腾后转小火煮 5 分钟左右。关火放置一段时间，待其完全冷却。

3 把笸箩架在碗上，放好柑橘类水果开始榨汁。榨水果时，先用刀把水果横向切成两半，然后轻轻挤榨。如用力捏会有苦味，所以请注意。

4 挤榨干净后，在果汁内加入酱油、日式甜料酒、海带、鲣鱼干，用保鲜膜包好，在冰箱内放两天。

5 夹出海带，用笸箩过滤鲣鱼干就完成了。

* 剩余在笸箩里的鲣鱼干，可用筷子等工具用力拧干。

* 把柑橘醋倒入保存容器，可在冰箱保存两周左右。但香味容易挥发，建议一周左右用完。

材料（易操作的分量 · 约 400mL）

柑橘类果汁……1 杯（200mL）

柚子、酸橘、南瓜等，看个人喜好

酱油……1 杯

日式甜料酒……80mL

海带（10 厘米 ×3 厘米）……4 片

鲣鱼干……25g

026

手制调味汁，
可自由加工的简单菜谱。

用喜欢的调味汁代替蔬菜沙拉、拌菜及料理调味汁，快速做菜是不是很棒？

调味汁制作简单，可用多少做多少。自制调味汁不仅比外面买的经济实惠，最重要的是，没有什么比按自己口味调出来的更好吃。一旦学会制作调味汁，饭菜的可发挥空间将拓宽不少。

· **基础调味汁**

先从基础调味汁做起吧！基础调味汁类似汤汁，如果基础的做好了，就能升级加工各种调味汁。我介绍的步骤都是基本量，只需把全部材料放入搅拌机或食品加工机，就能做出基础调味汁，即便不再升级加工，这个调味汁也很好吃。

· **自由加工**

在基础调味汁中加大量酱油就是日式调味汁，加法式芥末则是法式调味汁，加市面上贩卖的蛋黄酱就变成了蛋黄酱汁。此外还可加味噌、芝麻酱等，都很不错，不知大家想做哪款呢?

· **胡萝卜调味汁**

下面介绍用蔬菜制作调味汁。

煮软 1/3 根胡萝卜，和刚才做好的基础调味汁一起用搅拌机搅拌，非常美味的胡萝卜调味汁就做好了，鲜艳的黄色液体能有效促进食欲，另外还可搭配蒸煮过的西蓝花，不仅好吃，色泽也很漂亮。

把煮过的菠菜和少许水煮汤一起放入搅拌机的话，可升级为更美味的酱汁。

制作调味汁的乐趣在于可按当下心情自由加工，把手头的蔬菜、调味料加入基础调味汁，即兴制作，趣味无穷，请用上述秘传的基础调味汁制作专属调味汁吧。

最后特别推荐在西式烤蔬菜上淋一勺调味汁，它的美味令我瞠目结舌。

* 做好的调味汁可冷藏保存两天左右。

基础调味汁的材料

洋葱……50g（切碎）

白葡萄酒醋……50g

色拉油……120g

盐……1/2 小匙

黑胡椒……适量

三温糖……1 小匙

柠檬……1/4 个（拧干）

大蒜……1/2 瓣

027

洗净不削皮的胡萝卜，享受它的甜味。

品尝食材天然的味道，是件极其奢侈的事。

慢慢提取甜度，会有类似点心的味道。

在装有水的碗里用手轻轻洗净胡萝卜，然后用厨房用纸等慢慢擦拭水分。胡萝卜蒂周围凹陷的地方容易堆积泥巴，可用手指仔细清洗或用菜刀刀尖挖出来，外皮上的泥也可同样处理。如沾有泥土，可放入水中浸泡 5 分钟，用软海绵刷掉泥土，但注意不要擦伤外皮。

· 胡萝卜的味道

胡萝卜是一种富含甜味的蔬菜。烹饪时，甜味因加热而变浓郁，所以即便不喜欢吃胡萝卜的人也会觉得很香甜。另外，胡萝卜含有大量具有抗氧化作用的胡萝卜素，尤其是皮下部位，含量最高。如用削皮器去皮，会削掉胡萝卜素，所以推荐大家连皮一起吃。

下面介绍锁住胡萝卜甜味的美味吃法，特别有营养。

· 烤胡萝卜

慢慢提取甜度，会有类似点心的味道。

1 连皮一起竖向刀切胡萝卜，然后切成适宜食用的大小，煮 7 分钟左右。火候以文火为宜。如竹签能迅速刺入到中心部位，那就是差不多煮好了。

2 放在笸箩上，用厨房用纸擦拭水分，冷却到没有余热。

3 在平底锅内倒入橄榄油，将步骤 2 里的胡萝卜外皮朝下地放入锅内，不要用铲子移动，用文火稍稍烤焦后起锅直接享用，不用放任何调味料。

028

分开保存芜菁的叶子和根部。

表面烤酥脆些，口感也会变得松软。

芜菁柔软圆润，拥有如丝绸般光滑的肌肤，白亮得令人着迷，一口咬下去，像纤维般柔软清淡，适用于各式料理。就拿再简单不过的西式烧烤来说，芜菁的口感特别水灵。下面就来享受一下浓郁美味、松软多汁的芜菁吧。

· 基本清洗法

如果不摘掉叶子，芜菁不仅会马上脱水，就连根部的营养也会被叶子吸收，所以到手的芜菁需立马切开根部和叶子，切完后也许茎与茎之间会残留泥沙，建议大家彻底清除这些污垢。

将芜菁的根部浸泡在装有水的碗里，当表面污垢浮出，用竹签等头部尖细的工具在水中清除残余的细小污垢。芜菁的表面很柔软，请不要用炊帚等工具摩擦。

· 好吃的芜菁

如果看到有带新鲜叶子的芜菁，我一定会购买。芜菁的叶子富含钙、维生素 C 和食物精华，适合做炖菜和味噌汤配料。另外，那种茎长得笔直，颜色鲜绿，没有枯萎的芜菁最新鲜。

新鲜的芜菁根部白色，外皮比较接近面包的颜色，如果收割了很久，外皮会变色。最后，请挑选表面平整，没有褐色擦痕，光泽度高的芜菁吧。

· **烤芜菁**

1　清洗芜菁，切成八等份的小段，去皮。因加热会变软，切下茎就不容易煮烂了。

2　中火加热平底锅，倒入橄榄油，并排放好芜菁。

3　不要用铲子移动，整体变成香喷喷的烧烤色就做好了。

029

温柔地
收拾生菜。

关怀食材，才能做出美味的沙拉。沙拉的烹饪方法简单，准备蔬菜，加一把调味料，口味各具特色。虽然看起来简单，但做起来却充满奥义，蔬菜的前期准备工作需要非常精心，尤其重要的是沥干水分。下面以生菜为例，请尝试学学看吧。

· 收拾生菜

像生菜这类球状蔬菜，要选购内侧柔软的，不要选表面硬邦邦的。如果能把生菜收拾得酥酥脆脆是最好的，首先摘取菜心，用手掌根用力往里推生菜底轴，底轴一旦偏离，就能轻松摘掉菜心。

沿着去蒂的地方注水，冲净菜叶。洗好后，取出笸箩，轻轻甩去水滴，然后一片片剥下叶子，轻轻撕成适宜食用的大小，注意不要撕坏了。

把叶子并排放在干燥的抹布上，拿另一块抹布从上往下反复轻轻擦拭叶子上的水分，擦的时候注意不要折弯生菜叶。

擦干净水后，直接用抹布包裹菜叶放进冰箱冷藏。冷却约一个小时后，抹布吸收水分，生菜也随之变得松脆起来。

· **简单的生菜沙拉**

为了料理好脆脆的生菜，下面介绍能快速完成的简单生菜沙拉。

1 准备小颗生菜，收拾好。
2 把生菜放入碗中，按个人喜好放适量的橄榄油、少许盐、擦丝的帕尔玛干酪。
3 用手掌从下往上托起生菜，搅拌均匀。
4 装盘，从上方轻撒擦丝的帕尔玛干酪。

* 挤一点柠檬汁，清爽的酸味能让沙拉变得更美味。

030

疲劳时，
喝碗柔和的西红柿汤。

凉汤虽然好喝，但不妨用开水煲热。请根据自己的身体状况调整。

用搅拌机搅拌不去籽的西红柿，营养价值高。

请根据喜好挑选配菜，苹果和橙子应该也会很好吃吧。

很多人疲劳时，会勉强吃肉等高营养的食物，但其实首先应该做的是让身体好好休息。身体疲倦的同时肚子也会跟着变疲倦，越是这种时候，越是应该喝碗味道柔和的汤。我家会把西红柿直接放进搅拌机做汤，然后搭配喜欢的蔬菜。尤其炎热的夏日，我特别推荐这道汤。

· 制作方法

1 把面包撕成小块，干燥一天左右。然后把面包泡入水中，拧干，放入搅拌机，和切碎的大蒜一起搅拌。

2 去掉番茄蒂，切成 6 小块，放入搅拌过面包的搅拌机，再次充分搅拌。

3 把汤状的西红柿倒入碗内，加橄榄油和盐，搅拌均匀后放入冰箱冷藏。

4 切碎小番茄、黄瓜、黄辣椒、红洋葱、罗勒，撒在装盘的汤上做装饰，最后滴上少量红酒醋。

材料（4 人份）

熟透的西红柿……600g

面包（法式面包等）……30g

大蒜（切碎）……3g（1/2 瓣）

橄榄油……20g

小番茄……20g

黄瓜……180g（1/2 根）

黄辣椒……140g（1/2 个）

红洋葱……70g（1/4 个）

罗勒……12g

红酒醋……适量

盐……3g

031

可搭配各种料理的希腊酸奶黄瓜酱。

在希腊酸奶中加黄瓜和柠檬汁。

试着搭配调味简单的烤鸡和牛肉。

酸奶黄瓜酱是一种常见的夏季希腊料理，我从一位厨艺高超的朋友那儿学会了如何制作。这是一道将切碎的黄瓜和柠檬汁混入希腊酸奶的家常菜，不仅能直接吃，还能搭配酥脆的烤肉、鱼、蔬菜、三明治，非常万能。

简而言之，希腊酸奶黄瓜酱是款让平日饭菜变得更好吃的、简约味美的绝品调味汁。

· 制作方法

1　用削皮器去除黄瓜皮，再用芝士刨碎器把黄瓜擦成粗丝，在黄瓜丝上撒两撮盐，适量即可，放置 5 分钟左右。

2　用厨房用纸包裹黄瓜，拧干水分。

3　把柠檬切成两半，先拿一半挤汁。将莳萝切成大碎末，磨碎大蒜。

4　在碗中倒入酸奶，加黄瓜、柠檬汁、盐、莳萝、大蒜及用削皮器削好的柠檬皮，搅拌均匀，最后撒上黑胡椒。

搭配烤鸡、牛肉、鱼等尽情享用吧。对了，还能搭配炸鸡块哦。

材料（易操作的分量）

希腊酸奶……200g * 脱水的酸奶也可以

黄瓜……1 根

柠檬汁……半个柠檬的量

柠檬皮……1 个柠檬的量

莳萝……2 大匙（切碎）

大蒜……1/2 片

盐……3g

黑胡椒……一撮

032

民族风炒蔬菜
加叶菜沙拉做主菜。

叶菜沙拉搅拌均匀后享用。

人疲倦的时候会想吃清淡的蔬菜，现在就来介绍最合时宜的炒蔬菜沙拉，它是道让绿色蔬菜变得更好吃的创意菜，调味料只需鱼露和甜辣酱。

想调节肠胃的话，可用民族风炒蔬菜搭配大量叶菜沙拉，分量十足，操作简单。此外，就像用鸡肉代替猪肉一样，这道菜也可用家里剩余的蔬菜代替新鲜蔬菜。

· 制作方法

1 把青椒竖向切成1厘米宽，扁豆切成三段，将胡萝卜、红洋葱和大蒜切成薄片。香菜切成2厘米左右，分开叶子和茎。猪肉切成1厘米宽，加5克鱼露，放置10分钟左右。

2 在大平底锅内倒入色拉油，中火炒猪肉，放入方平底盘。

3 倒色拉油炒大蒜，变色后加胡萝卜、红洋葱、扁豆、香菜茎，快速中火翻炒，全部熟透后，最后加青椒，继续翻炒。

4 加猪肉、鱼酱和甜辣酱，均匀翻炒。

5 将炒好的蔬菜放在盛有叶菜沙拉和香菜叶的盘子里，最后滴几滴柠檬汁就完成了。

材料（2 人份）

青椒……2 个

扁豆……8 根

胡萝卜……1/4 根

红洋葱……1/4 个

猪里脊肉薄片……100g

鱼酱……5g（调味用）

大蒜……1/2 瓣

柠檬……适量

香菜……1/2 把

叶沙拉……50g

鱼酱……15g

甜辣酱……25g

色拉油……适量

033

白扁豆金枪鱼沙拉
是意大利家常菜。

稍微放段时间有助于味道沉淀，口感更美味。
多做些放起来也可以呀。

白扁豆富含食物纤维，营养价值高。
只要有水煮罐头就能快速完成的简单沙拉。

撒上意大利芹细碎末，
不仅颜色鲜艳，香味也更浓郁。

白扁豆金枪鱼沙拉是意大利家常菜，做法简单，只需在煮好的白扁豆中加金枪鱼，然后配上洋葱就可以了。这道菜是我从厨艺高超的熟人那里学来的，他教我如何用酱汁隐藏味道，当时我尝了口，不禁佩服得五体投地："啊，原来如此，太好吃了！"白扁豆富含食物纤维，无论是午饭还是晚饭，都很适合，而且还推荐做下酒菜。

混合芝麻菜、生菜或搭配三明治也很好吃，请一定试试看。

· 制作方法

1　从罐头里取出白扁豆，放在笸箩里沥水。同时从罐头里取出金枪鱼，沥油。

2　洋葱切丝，在水中浸泡 30 分钟左右，然后用手揉搓。意大利芹切成碎末。

3　在大碗里倒入伍斯特辣酱油，再加一点色拉油，用起泡器充分搅拌后做成调料汁。

4　把白扁豆、松软的金枪鱼放入有调料汁的碗内，搅拌均匀后尝一下味道，然后用盐和黑胡椒调味。

5　加意大利芹和用厨房用纸充分去除过水分的洋

葱，搅拌均匀。

6　装盘，可根据个人喜好搭配煮鸡蛋或洒上柠檬汁，请用勺子享用，真的很好吃。

材料（4 人份）

白扁豆（水煮罐头）……300g

金枪鱼（罐头）……120g

洋葱……70g（1/2 个）

意大利芹（切碎）……1/2 大匙

色拉油……3 大匙

伍斯特辣酱油……10g

煮鸡蛋……适量

柠檬汁……适量

盐……适量

黑胡椒……适量

034

即便没有肉汤，也能做芝士意式肉汁烩饭。

可多放水以免煳掉，但请留意不要搅拌过多，否则会太黏稠。

虽然看着很朴素，
但这是一款独具浓厚芝士风味的美味意大利烩饭。

稍微疲倦的时候，我会想吃意大利粥或意式烩饭。烩饭原本要在炒过的大米里加肉汤煮，但我学到了不用肉汤，而用培根高汤制作简约芝士烩饭的做法。

给芝士烩饭加点海鲜和切碎的蔬菜等配料也很不错哦。

· 制作方法

1 切碎洋葱、大蒜、培根，用刨碎器把帕尔玛干酪刨成粉状。

2 开中火，将 20 克黄油在平底锅中融化，按顺序加大蒜、洋葱、培根轻炒，再加大米（不用洗），搅拌均匀。

3 大米变透明后，加白葡萄酒，大米与酒充分混合后加沸水到刚刚漫过饭菜，轻轻翻炒搅拌。

4 如水分减少，可再加沸水，反复烹煮，直到 700 毫升的沸水全部用完。要点是沸水需一点点加。用手指摸摸大米，如变柔软，还剩一点米芯的时候关火。

5 加鲜奶油、20 克黄油和帕尔玛干酪（稍微留一点），搅拌均匀，试味后加盐调味。

6　装盘，撒上帕尔玛干酪和黑胡椒即可享用。

材料（4 人份）

洋葱……1/4 个

大蒜……1/4 瓣

培根……20g

黄油……40g

大米……200g

沸水……700mL

白葡萄酒……1/3 杯

鲜奶油……50mL

帕尔玛干酪……30g

盐……适量

黑胡椒……适量

035

放点迷迭香烤土豆，土豆煮到能压碎的程度。

如可压碎，土豆基本上就是煮熟了。

洒上柠檬汁也会很美味。
口感酥脆香辣的烤土豆。

当我在电视上看到英国人气厨师杰米·奥利弗做可口的烤土豆时，一直寻思什么时候也要做做看。之后，我参考了很多不同的食谱，做了各种尝试和研究，最后终于找到一款我认为“嗯，这个很好吃”的烤土豆，下面就来介绍这款简单又好吃的烤土豆。首先选几颗个头较小的土豆，然后像做意大利面那样，用大量的盐去除土豆皮并烹煮，压碎后用烤箱烤熟（这是杰米式烤土豆的秘诀）。最后我想说声：谢谢你，杰米。

推荐多做些招待客人，相信大家会喜欢的，毕竟这是老少皆宜的人气烤土豆。

· 制作方法

1　洗净土豆，如果长芽了记得摘掉。在大锅内放入水、土豆、盐，中火煮 15 分钟，直到土豆只有一点硬（稍稍使劲就能压碎的程度）。

2　煮好的土豆剥皮，用菜刀腹部压碎。

3　将土豆、迷迭香、大蒜、橄榄油和盐放入碗内，搅拌均匀。

4　把第 3 步搅拌好的材料摊开放在铺有烹调纸的烤盘上，用预热至 210 摄氏度的烤箱烤 30 分钟左右，直到着色。每隔 10 分钟取出烤盘大致搅拌，这样就完成了。

5　装盘，撒上黑胡椒，趁热吃。

材料（4 人份）

土豆（请选小颗）……1kg

水……3L

自然盐（适宜烹煮的）……30g

迷迭香……5 根

大蒜……5 片

橄榄油……100mL

自然盐……3g

黑胡椒……适量

036

创意洗菜刀。

　　每天做完饭我都会仔细清洗菜刀，洗着洗着，我忽然开始怀疑这样洗菜刀是否正确。

· 到昨天为止还认为这样洗是理所当然的

我们主要用菜刀刀刃切食材，所以刀刃很容易变脏。直到昨天，我还认为用放了洗涤剂的海绵清洗刀刃上的污渍就可以了，但我忽略了刀柄的清洗，平时只是用水稍微冲洗便草草了事。

· 被忽略的刀柄

做菜时我们的手时而被水打湿，时而触摸食材等各种东西，握住刀柄的正是这双不卫生的手，刀柄自然也很容易变脏，所以我认为刀柄才是菜刀最脏的部位。

· 正确的清洗方法

清除刀刃上的污垢固然重要，但如果手抓海绵直接清洗刀刃底部，一不小心就会划伤手指和海绵。

正确的清洗方法是用惯用手拿着沾有洗涤剂的海绵，另一只手握住刀柄，刀刃面向惯用手，把海绵一折为二夹住菜刀，同时清洗菜刀的两侧。

然后拿着刀背中间位置，清洗刀柄和刀刃与刀柄的接缝处，最后用干抹布擦干菜刀。

· 总而言之

请偶尔停下脚步，重新审视那些平时你认为理所当然的事。借由这样的契机，你会邂逅上述迄今为止未能察觉的事。这次我的蓦然回首，发现了菜刀的创意清洗方法。

越是看不到的地方其实越脏，我打算今后要继续关注这类地方，仔细清洗。所谓日常生活，就是类似的察觉与发现的总和，充满趣味和快乐。

037

小苏打对厨房用具的保养至关重要。

所谓“用餐五思”，第一，想清楚这顿饭是谁给予的。如果是自己的工作，那就感谢这份工作；如果是父母，那就感谢父母。第二，对农民怀以感谢之情，做到不浪费，好好享用。第三，感谢今天也能让我们津津有味吃上饭的和平社会。第四，当下世界仍有很多苦于饥饿的人，面对眼前美味的饭菜，感恩今天不用饥寒交迫。第五，感谢料理人的智慧，赠予我们“美味的恩赐”。

五思即是五种感谢，做菜或吃饭时，请稍微想想其中一两个吧。

· 对工具的感谢

其实还有其他要感谢的东西，那便是厨房用具。工具，能出色地协助我们的双手。既是帮忙做饭的工具，就该像对待活生生的人一样好好对待它们。脏了就洗干净，干净的就好好保养，请如此这般地爱护它们吧。同样地，它们也会帮我们做出更美味

被清洁问题困扰的时候就用小苏打。

的饭菜。那么日常生活中能清除厨房工具污垢，使它们变得锃亮锃亮的东西是什么呢？

·推荐小苏打

为了去除各种污渍，家里一定要准备方便的小苏打。

小苏打的化学名为碳酸氢钠，是一种“膨胀粉”，做面包和点心时也会用到。虽然很容易和发酵粉混淆，但两者的成分多少有些差异。小苏打可以口服，因颗粒不太硬可用作研磨剂，能中和酸，有效除臭，清洁时可代替去污洗涤剂，非常方便。

小苏打可混合油，还能像肥皂一样让油浮起来，去油污力强。油污被氧化后，小苏打能中和它，并将其去除。

清理排风扇等沾有顽固油污的东西时，可用小苏打和水（按 2 ：1 比例）调制成糊，涂在污垢上，然后用保鲜膜敷一会儿，污垢会快速地浮起，从而达到清洁的效果。

常在火中煎烤的铁锅，内侧很容易烧焦并沾上污渍。这种污渍用普通洗涤剂很难去除，用力搓的话又会擦伤锅体，清理时要特别注意。而越是这种棘手的时刻，小苏打越能派上用场。首先在装满水的锅中倒入两大匙小苏打，中火烧开，沸腾后盖上锅盖，转小火煮 15 分钟，然后关火，待其自然冷却，随之黏糊糊的污垢会浮起，最后只需用海绵轻轻擦拭。

· 干净闪亮

即便是粘在烤箱和微波炉内侧，用洗涤剂很难擦掉的黏着物和污垢，你也可以用小苏打倒在海绵上轻轻擦拭，小苏打有如研磨剂般，瞬间轻松还你一个干净的空间。清洗冰箱等电器内侧时，如不想用洗涤剂，也可用小苏打替代。

每 100 毫升水加一小匙小苏打后混合而成的小苏打水可在打扫房间时大显身手，由于它有除臭的功效，可以喷在窗帘和有异味的衣服上，中和酸性气味，去除臭味。当然，也可用于清理鞋柜和厨余垃圾。再或者，还可在洗涤剂中加小苏打加强去污能力。

虽说如此，但要注意弱碱性小苏打能分解蛋白质，而高浓度的小苏打水可能会导致手部皮肤变粗糙。

小苏打不像洗涤剂会起泡，但真的没有比它更优秀的去污产品了。

请利用小苏打好好保养厨房用具吧。今天就是大扫除的日子哦。

038

养成每日清扫浴室的习惯。
打扫时，优先考虑干燥度。

你知道吗，浴室的保养很重要。因为我们每天都会使用浴室，它是个超级脏的地方。而且霉菌最喜欢高温潮湿的环境，若疏忽保养，会立马发霉。

· 这样去除污垢

一般来说，人肩膀高度以下的浴室墙面最容易变脏，所以清扫时，可先用花洒大致冲掉污垢，然后用海绵擦拭。如果每天打扫浴室，即便不用专门的洗涤剂，也能让浴室轻轻松松保持干净。

用海绵擦拭墙壁时，可用打圈的手法从下往上打扫。顺便一提，浴室最脏的地方是离地板 10 厘米的墙壁和排水口，如果污渍太顽固，请用浴室专用洗涤剂。

洗澡后可用热水冲洗整个浴室，冲干净肥皂水等污垢即可防止发霉。之后，再用冷水冲一遍，因为降低温度很关键。为了挥发湿气，建议打开窗户和换气扇。

· 如果浴室发霉了

可使用含氯的去霉洗涤剂进行清洗，记得使用前仔细阅读说明书。首先准备一个专门去霉的海绵，将洗涤剂喷在发霉的地方，保持 10 分钟左右，然后用海绵擦干净。对付顽固的霉菌，用洗涤剂湿敷是最有效的，先将浸透洗涤剂的纸巾湿敷在发霉的地方，放置一段时间。若还有无法去除的霉菌，可反复多做几次湿敷。

· 培养习惯

坚持每天清扫的话，浴室就不会发霉，我们才能舒舒服服地洗澡。最好养成每天清理的习惯。如果你认为用冷水冲冲就干净的话，那真是大错特错，请一定要意识到“浴室内人肩膀高度以下的地方最脏”。

039

衣橱只是
放衣服的地方吗？

天晴时做好收纳整理。

哪怕只是放在宽敞的地方通通风也行。

与其说置物架和置物板是收纳衣服的地方，倒不如说只是放衣服的地方。平时一旦忙起来，衣橱里的衣服就会变得不整齐。既然如此，利用休息日偶尔整理下吧。下面给大家介绍一些整理小技巧及方法。

· 换季是整理的大好时机

我建议大家趁换季的时候整理衣服，不过要选一个天气晴朗的日子，因为雨天衣服沾有湿气，湿气容易导致虫蛀和发霉，是衣物收纳的大敌。

· 全都拿出来看看

空气干燥的晴天，把收纳盒和衣橱里的衣服全都拿出来重新收拾一下比较好。尤其放在里侧的衣服容易潮湿，解决的办法就是重新叠一遍。

· 更换位置

换季收拾衣服时，最好变更一下衣服放置的位置，比如可以把原来放在里面的衣服放得靠外些，原本放在下面的衣服放到上面来，平时着装尽量避免重复，这样可以防止衣服的损耗，还能改掉重复着装的习惯，此外这么做有助于你了解判断哪些衣服能穿，哪些穿不了，而那些没穿满一季的衣服就可以考虑是否需要处理。

定期收拾衣服可尽早发现虫蛀和霉菌，以便及时处理，即便冬天也要小心发霉。对容易吸收湿气的皮制品，可使用除湿干燥剂。

· 让针织衫起死回生的小窍门

叠好的针织衫很容易变松垮有褶皱，而改善的方法就是把针织衫放入烘干机，约 10 分钟后针织衫上的毛就会竖起来，变得手感柔软。

040

打扫卫生间很重要，
要把它营造成最干净的地方。

现在卫生间变得越来越现代化、舒适化，但是卫生间每日的清扫依然必不可缺。让我们来思考一下打扫卫生间最重要的事是什么。

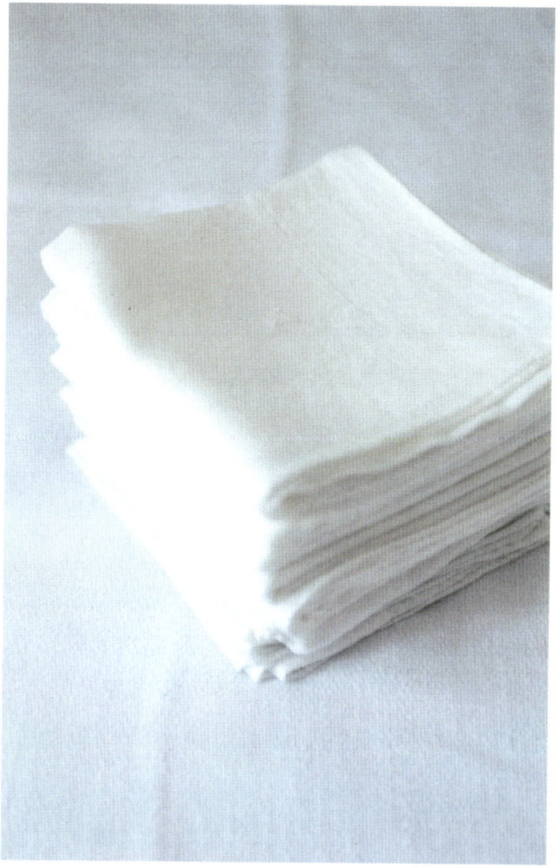

·关于卫生间

以前还没有自动冲水装置时，人们是如何打扫卫生间的呢？首先得有一种名为便壶的东西，日常大小便就排泄在便壶内，然后用水冲洗便壶，洗干净后铺一张报纸或八角金盘在便壶底部，有时也会在卫生间焚香，总之，大家都在想方设法营造一个舒适的如厕环境。除此之外，还有人发明了在小便池内放几根青杉小枝条，用于防止发出尴尬的声音和闻到臭味。就这样，日本人在卫生间内构筑了非常注意清洁的文化。

·如何漂亮地装饰？

比如安装有装饰工艺的卫生间门、在小花瓶内插当季的花花草草、定做纸灯笼、擦干净地板和墙壁、在架上整齐摆放图案优美的日式手巾且每日更换等，总之日本人会费尽心思、心灵手巧地改善卫生间氛围。

小时候母亲常叮嘱我：“用完卫生间后，要把卫生间打扫得比用之前还干净才能出来。”因为如果每次使用都打扫一遍，能给下一个人营造舒适的空间，无论哪个人，其实都想用干净的卫生间。还有，不是说没弄脏就不用打扫，而是即便干净也要在用完后收拾得更干净，这是我使用卫生间的心得。

清洗马桶时，先将厕所专用洗涤剂喷在马桶上，然后用刷子刷，冲水洗干净。马桶里里外外自不必说，看不见的背面和手够不着的地方也要用拧干的湿抹布擦干净。擦完地板和墙壁的每个角落后，再用干布擦一遍。我希望当被人问及“你家里最漂亮的地方是哪里”时，我能回答“卫生间”。

按照我说的步骤频繁打扫卫生间的话，自己的心灵也会意外变得干净漂亮。

·每次用完都收拾干净

为了让下次使用的人心情愉悦，每次用完卫生间都要收拾干净——我想好好珍惜这份心意。

拜访或借宿别人家时，应时刻注意小心使用卫生间和浴室，别弄脏，尽量还对方一个干净整洁的环境。

041

交谈就像投接球，结束时记得说句“一直以来谢谢你”。

俗话说得好，一句话温暖一个冬季。无论多么漫长的寒冬，一句温柔的话都能将其暖化，治愈人心，带来喜悦。也正因此，我们应该时刻保持心情平和，而语言有时会成为疗愈心灵的魔法。

·语言像颗球

我们每天通过语言和人交流，建立人际关系。如果把语言比喻成球，那你会怎样投球？是看着对方的双眼，轻轻投球，然后仔细观察对方如何接球，还是趁对方不注意的时候，突然使劲把球扔出，吓对方一大跳呢？其实投球的方法有很多种。

希望投接球能变得快乐。

轻轻投出，对方也会轻轻投回。

像这样直观地把语言比喻成球，想来大家今后无论什么场合都会先斟酌怎么说话了吧。说出去的话，要让对方能轻松接受。其实语言既不是球，也没有形状或颜色，但却更加能牵系人心。比起有形状的东西，语言更容易刺伤人心。当然同时它也更能治愈人心，让人快乐，得到救赎。

·为了让对方轻易接受

对人类而言，语言交流至关重要。遣词用语时，要竭尽全力发挥想象，别不假思索一厢情愿地表达自己想传达的东西或想说的话，是高兴，吃惊，还是悲伤？即便有时不得已要说些不讨喜的话，也需换位思考，避免让人悲伤的说话方式。总之，我们要思考“语言”这个球的投法，尤其严厉的言辞，更要以对方能轻易接受的方式投出。

·一直以来谢谢你

无论是生活还是工作，语言的交流都不可或缺。语言包含各种感情，争吵有时在所难免，但请别忘记对对方的尊敬和感激之情，不要说伤人心的话。近来，邮件交流的频率越发增多，越是书面交流，越要注意用词和选词。即便对方使劲向我们投了个球，也不要报复性地用力扔回去，当愤怒涌上心头，请慢慢数到 10。

不管怎样的交谈，最后一定要和对方说“一直以来谢谢你”。如果说不出口，那就尽量用表情和态度告诉对方吧。另外，在“一直以来谢谢你”的后面尝试加上对方的名字，比如“～先生（或小姐）”。无论谈论的内容是什么，相信听到这句话的对方一定会报以微笑。所以，“一直以来谢谢你”是句带有魔力的语言。

042

太多可惜太多浪费，论生活中的节约。

节约水电费固然重要，但因为节约而失去生活的舒适感和平稳感的话，会是件孤寂的事。既然如此，不妨尝试改变一下说法和想法吧，比如把“节约”改成“减少浪费”。努力做到不浪费，发自内心的快乐才是最理想的生活状态。当好创意一个个自然而然地接踵而至，我们将抱着兴奋的心情减少

减少浪费能让心情变得从容。

能源不是无限的。

浪费。

·首先是自来水

你知道吗？自来水的浪费大多是因为淋浴时间的错误分配，用一句话概括，就是不要一直开淋浴。一般淋浴每分钟流 12 升水，温水淋浴虽然很舒服，具有放松的效果，但请不要淋太久，洗脸、刷牙也是一样，长时间的水流不仅会增加水费，还会增多燃气费。

再者，我建议饭后洗碗。这个建议的重点在于从某种程度上把要洗的东西先攒起来，然后一起清洗，不要脏了就洗，这种断断续续接二连三的效率不如汇总起来一道快速清洗。如果能做到这点，就能切切实实减少自来水的浪费。

和洗碗一样，衣服也要攒好一批后清洗。先确认一下你的洗衣机一次能洗多少件，如果只洗一半的量，会浪费水和电。请抑制想洗衣服的冲动，攒好一次的量统一洗净吧。

还有别忘了好好区分卫生间的大小，因为生活用水三成来自卫生间。

·燃气也很重要

试着调低点热水器的温度吧。一到寒冷的冬天，大家就会习惯性调高温度。此外，缩短淋浴和热水洗碗的时间，就能和前文提及的自来水一样，减少燃气的浪费。

做饭加热时，锅和水壶都尽量盖上盖子，这样有助于热量快速浸透食材，避免燃气的浪费。

·然后是电

冰箱耗电量最大，建议大家根据季节适当调整温度，而且为了尽量不破坏冰箱内的温度，开关门请迅速些。此外，有余热的饭菜要待其冷却后放入冰箱。据说放入冰箱的食材总量占冰箱内部空间60% ~ 70% 是最好的，所以要时常检查冰箱空间的使用量。

·总而言之

水电费是生活的消耗成本，要了解如何在生活中平衡这些成本，即便是件很小的事，若以年为单位计算，也将会是一笔很大的花销。从现在开始，试着多了解并做些减少浪费水电费的事吧。

043

洗碗是对美食的感谢，请高效、熟练、快乐地清洗。

饭后需清洗餐具，那你又是怎样清洗的呢？虽然方式要根据餐具的数量来定，但比起不做任何考量的清洗方式，尽量高效、熟练、快乐地清洗不仅能节约水费，就连洗碗的心情也会大不一样。请参考下文介绍的清洗技巧，摸索出适合自己的清洗之道吧。

洗净餐具直至把它们收拾好，也是下厨房的一道工序。

· 方便的工具

用洗碗桶洗碗真的非常方便。脏了的餐具如果就这样放在一旁，污渍会变干，很难清洗。而在水槽内放一个装满水的洗碗桶，把脏了的餐具放在桶内的话，洗起来就会很轻松。如果餐具不太脏，可以在桶内放小苏打，这样即便不用洗涤剂，用海绵也能直接清洗干净。

· 首先是清除污垢

不太脏的餐具可以直接放入桶内，而沾有油渍和酱汁的餐具在放入洗碗桶之前，最好先用橡胶刮刀清除污垢，然后用厨房用纸或剪好的报纸包裹污垢扔进垃圾桶。

· 不要弄得乱七八糟

把餐具放入洗碗桶时最好按大小和形状先做个分类，如果桶内乱七八糟会很难清洗。用海绵沾洗涤剂，按不太脏到很脏的顺序依次擦洗。此外，请注意洗涤剂不要倒太多，否则很难漂洗。最后，在桶内洗碗时不用开水龙头。

· **统一漂洗**

按上述海绵去污的顺序，把餐具放回桶内，注意餐具可能会因相互间的碰撞而磕坏，请轻拿轻放。漂洗时，先在桶内装满水，洗掉洗涤剂的泡沫后，边开自来水边用手揉搓餐具，注意不用冲太多自来水，用手揉搓是为了确认油渍是否洗干净。漂洗时不要着急，认真小心是前提。

· **洗净的餐具**

考虑到卫生因素，洗净的餐具自然晾干比较好。如最后的漂洗用的是热水，那干燥的速度会很快。当然也可以用干净的抹布擦拭，但餐具数量太多的话，需要好几块抹布，所以还是推荐尽量自然晾干。

· **满怀感激**

让我们怀着对农民和厨师的感激之情去洗碗吧。洗碗无需特别的技巧，秉持真心和对美食心存感激就足矣。平时请积极带头洗碗，一切谢意尽在行动中。

044

好好选择油盐糖。

· 最重要的盐

很多厨师都说，盐的选择和咸淡对料理很重要。

盐最好是粗盐（未提炼过），而不是精制盐（用化学方法制作出来的氯化钠）。这两者的区别简单说来，就是是否含有矿物质。粗盐因为含有矿物质，咸中带甜，味道醇厚，适合做日本料理。

那法国的盖朗德盐之花如何呢？其实可以在厨房准备日本粗盐和盖朗德盐之花两种盐，然后根据饭菜的不同区分使用。沙拉、意大利面、烧烤等料理，用万能的粗盐即可。但如果是煎蛋，撒盖朗德盐之花会更美味。

盖朗德盐之花是一种海盐，产于法国布列塔尼半岛南部的产盐胜地——盖朗德镇。这种盐遵循近千年前的传统做法，由制盐工匠精制而成。盖朗德盐之花也分粗盐、海藻盐等种类，可选范围较广。包括法国厨师在内，盐之花对全世界厨师而言都是必不可少的盐。

但进口盐因为没有安全标准和标识基准，国内也有人建议最好不要用。

2002 年，盐的销售管控被放开，现在市面上可选择的盐的种类各式各样。据不完全统计，应该有超过 1000 种盐。

· 糖的情况又是怎样的呢？

说起糖，很多人都会想到白糖和砂糖吧。被国人广泛使用的日本产白糖，据说糖分会被身体直接吸收，导致体质变凉，所以最近很多人都不用了。

虽说对身体有益有害不能一概而论，但事实上越来越多的人希望使用未精制的原味砂糖。那么大家又都在选用什么样的糖呢？顺带一提，细砂糖在美国和欧洲利用率很高。

糖作为日常选择，种类繁多，上白糖、细砂糖、饴糖、三温糖[1]、红糖、黑糖、中双糖、和三盆[2]等都不错。

糖的使用可根据料理具体选择，比如煮菜用三温糖，咖啡、红茶和西式甜点用细砂糖，家常菜用

1　三温糖：是黄砂糖的一种，为日本的特产，常用于日本料理，尤其是日式甜点。

2　和三盆：是一种原产自日本香川县和德岛县等四国地方东部的糖。

上白糖。

· 选择适合做菜的酱油

说完盐和糖，那酱油又是怎样的呢？酱油的种类有很多，可根据饭菜的不同灵活选择。

当然浓口酱油[1]是最普遍也是最万能的。

如果吃生鱼片，那我推荐生酱油。虽然这种酱油不适合保存，但味道很好，有兴趣的读者可以尝试一下。

一定要常备一瓶淡口酱油在家，其盐分较高，口感纯净，适合用来煲汤。

老抽是只用大豆做成的酱油，味道浓厚，适合炖菜。

家里同时备有浓口酱油和淡口酱油，做菜就万无一失了。

这类调味料种类繁多，但要点在于不要把味道调得太浓郁或太复杂，因为调味品的作用在于激活食材原味。

1　浓口酱油：日本料理中最常见的酱油分浓口酱油和淡口酱油。浓口和淡口的主要区别在于酱油的颜色。浓口酱油的颜色比较深，应用也比较广泛，几乎所有菜肴和酱汁里都需要，所以现在浓口酱油也成为酱油的主要品种。

045

撒盐揉搓毛豆吧，这样清洗更好吃。

不用盐水煮食材，
才能体味原汁原味。
口味偏重的话，
可适量撒点盐。

沐浴阳光后的毛豆颗颗饱满，那小小的颗粒里，凝聚着蛋白质、钙、维生素等丰富的营养。它可以加速酒精分解，预防宿醉，是很好的下酒菜。趁毛豆还新鲜，赶紧下锅吧，一起享受美味和营养。

· 基本清洗法

用剪刀剪下枝丫上的毛豆，注意请从蒂的前端剪开，这样不会剪坏豆荚。如果不小心剪到豆荚，水煮时水会从剪坏的地方灌入，煮完毛豆会湿答答的，味道和营养也会因此流失，所以要注意。

剪下来后，将毛豆暂且放入装满水的碗里，可用大一点的碗，这样比较方便。豆荚表面的污垢在浸泡的过程中会脱落，但还是要用手再洗一次，然后放入笸箩。

适量撒些盐，充分揉搓，这么做是为了用盐粒清洗豆荚，而不是调味。揉搓后的毛豆口感光滑，食用感好。在此之后，再用水冲洗一次。

· 好吃的毛豆

随着天气转热，毛豆变得越发好吃。商店的毛豆大都装在袋子里陈列，但毛豆一旦离开菜茎味道就会渐渐变差，所以尽量买新鲜的带枝条的毛豆吧。

除了带枝条，还要挑豆荚多、枝条青翠的。如果整颗豆荚都有一层浓密的茸毛覆盖，发胀饱满，颜色鲜绿，均匀松软，那一定很新鲜。但如果颜色发黑，那就是已经采摘很久了的。

· 品尝毛豆

1 在锅里装满水，煮沸，放入毛豆。注入的水量需能淹没所有毛豆。

2 根据毛豆新鲜度及大小的不同，水煮的时间也不同，最好每隔 5 分钟夹出一颗尝尝，确认软硬度。如果豆子发硬或发青，那就需要再煮。

3 煮好后放在笸箩里。

4 把煮好的毛豆捏平整，然后用扇子扇一扇，冷却后更美味。待余热散尽就完成了。

046

秘传的芝麻盐，
味道醇厚柔和。

我做了好吃的日之丸便当。

被盐水渗透的芝麻稍稍有些发白。

在白米饭和红豆糯米饭上撒点芝麻盐，用餐的心情会变得很愉悦。自古以来，人们就爱在饭团、便当、斋饭等食物中加芝麻盐做调味料，首先芝麻的营养不必多说，盐在日常饮食中也占据着非常重要的地位。

· 手工芝麻盐

手工芝麻盐味道醇厚柔和，所含盐分咸淡适宜，能让每一口饭菜变得更加美味。此外，撒过芝麻盐的饭菜外观精致，请一定做做看。

1 在小碗内充分混合盐和水。

2 将黑芝麻放入锅内，中火加热。为了避免烤焦，请边晃锅边慢炒。

3 用手指捏一捏芝麻，能啪嚓一下裂开的话，就可以关火了。然后把黑芝麻留在锅内，待其完全冷却。

4 将混合后的盐水倒入有黑芝麻的锅内，用小火加热。小心搅拌，避免烧焦，待水分蒸发。最后即便芝麻里残留一点盐也没关系。

5 当芝麻变白且干燥得沙沙作响时关火，把芝麻放在厨房用纸上吸取多余的油分，待其冷却。当芝麻披上一层薄薄的白衣时，芝麻盐就做好了。顾名思义，手工芝麻盐是咸味的芝麻，创意很棒，而且意外地好吃。最后，推荐吃米饭或饭团前撒点芝麻盐。

047

土豆皮富含营养，浸泡土豆去除泥土。

可以做牛排等食物的配菜，也可以当点心直接吃。

外皮像要裂开似的土豆，生吃起来又甜又嫩，但一加热，口感就会变得光滑柔软，特别不可思议。下面就来让我们享享口福吧。

· 基本清洗法

土豆皮富含营养，建议连皮一起吃。先在碗内装满水，浸泡 5 分钟左右，土豆表面的泥土渐渐变得柔软，然后一边用开水冲洗，一边用手轻轻剥落泥土。土豆芽含有一种名叫茄碱的有毒物质，如果土豆发芽了一定要清理掉。另外，土豆被阳光照射后容易变绿，下锅前把变绿的部分都切掉比较好。

· 土豆的味道

土豆种类较多，口感细腻，比如男爵土豆[1]面面的，五月皇后[2]则黏糊糊的。土豆中富含的维生素 C，不仅能强壮骨骼、护肤养颜，还能保护土豆里的淀

1　男爵土豆：该品种可生吃，英文名是“Irish Cobbler”，明治时期 1908 年由川田龙吉男爵从英国引进后扎根日本的品种。男爵土豆淀粉含量多，口感很面，容易煮烂。

2　五月皇后：该品种可生吃，英文名为“May Queen”，是 1900 年英国民间栽培的品种，大正时代被引进日本。五月皇后比男爵土豆更黏稠，不易煮烂。因此，适合做咖喱、炖菜、炖肉等煮熟的料理。比男爵土豆的形状长，凹凸也不那么严重，容易削皮。消费市场主要在西日本。

粉遇热不变质。

· 煎土豆

水煮土豆并不会特别好吃，推荐直接慢慢用火煎。此外，刀功也是要点。

1　把土豆连皮切成 1 厘米厚的圆片。

2　在平底锅内倒油，中火加热。

3　放土豆，煎成焦黄色后翻面。

4　盖上锅盖，用小火加热 4 分钟左右。

5　装盘就完成了。

048

青涩的油菜可直接下锅，非常方便。

笔直伸展的油菜菜茎上，长着兔子耳朵般柔软可爱的叶子。味道青涩且富含矿物质的油菜洗净后不用水煮就能直接烹调，快速翻炒后即可享受恰到好处的苦味，非常爽口。

· **基本清洗法**

油菜的根部容易堆积污泥，洗之前最好切掉。打开水龙头，利用水流冲洗切口和污泥，然后展开每根茎干，轻轻清洗。菜叶全部底朝下地收拢好，放入装满水的碗里慢慢漂洗。

可在冰箱保存 3 天左右，多做些当常备菜吧。

·好吃的油菜

让我们先来看看油菜的叶子，如整体厚实、颜色鲜艳、叶尖利落，则说明菜色新鲜。

菜茎要有弹性，折断或变成半透明的，新鲜度都会大打折扣。店铺里的油菜茎偶尔会因为长得太旺盛而伸出包装袋，有时货架的陈列摆放会折伤叶尖，导致吃起来发硬，所以最好不要选这种油菜。

最后看看根部，尽量挑根部粗壮有弹性、长有约 5 根菜茎、没有磨损、培育安全的油菜。

·为了保鲜

为了保鲜，请不要扔掉购买油菜时套在外面的塑料袋。从农家出货时，为了尽量保鲜，卖家会在塑料袋上打孔，以便维持良好的通风环境。如果一次性吃不完，可将剩余的油菜装入塑料袋竖立在冰箱里保存。这种保存方式比较接近它在田地生长时的状态，没有多余的压力，能维持新鲜和美味。

·炒油菜

把油菜泡在水里，待恢复松脆度后烹调的话，可以品尝其原本的清新甜味。洗完油菜后，倒掉碗里的水，再次装满水浸泡 5 分钟左右，水分会返回油菜细胞，萎蔫的菜叶也会苏醒过来。

1　洗净油菜，放在装满水的碗里浸泡约 5 分钟，使其变得松脆。为防营养和口感流失，不要在水中泡太久。

2　切掉根部，分开菜叶和菜茎，按照适宜食用的长短，将叶子切成约三等份，茎切成约四等份。

3　中火加热平底锅，倒橄榄油，因需要的火候不同，可先炒硬邦邦的菜茎。

4　当锅里开始滋啦作响，茎变成明亮的绿色时，放入菜叶，稍微炒一下就做好了。

049

新鲜洋葱的薄外皮很难剥，而诀窍是把它泡在水中。

拿在手里掂一掂，选又重又硬的洋葱。

连芯都多汁黏糊，入口即化。

一摘下就出货的新鲜洋葱从羽衣般的皮下露出光滑白皙的脸庞，饱含水分，肉质厚嫩带来有如醍醐般的美味，那是盼望已久的夏季味觉，啊，真想大吃一口。

·基本清洗法

新鲜洋葱的皮很薄，和果肉粘得紧，很难剥落，这时可以把它放在装满水的碗里浸泡 3 分钟左右，不仅沾在外皮上的污垢会自然脱落，就连外皮也会因吸收水分变得柔软，一剥即落，而且皮是皮，肉是肉，剥皮时不会带下多余的果肉。

·新鲜洋葱的味道

新洋葱甜味十足，生吃口感松脆，烹调后入口即化。洋葱含有保持血液清爽的营养成分，而新鲜洋葱含水量高，其香味比普通洋葱更柔和，食用感更佳。

·烤新鲜洋葱

新鲜洋葱即便不煮，加热后洋葱芯也会变得黏稠柔软。

1 将烤箱预热到 250 摄氏度。

2 切掉新鲜洋葱的蒂和根，从洋葱顶部切两刀，成十字形。

3 放在铝箔纸上，撒橄榄油和盐。

4 用铝箔纸包裹好新鲜洋葱。

5 放入烤箱，加热约 30 分钟。请根据烤箱型号的不同，调整煎烤的时间。

6 从铝箔纸中取出新鲜洋葱，装盘即可。

050

夏日友人，
与柠檬交好。

柠檬具有提高免疫力、抑制脂肪肝的功效，被公认为对人体健康不可或缺的水果。其成分柠檬酸，有减少疲劳物质乳酸的作用，含有的维生素 C 也被认为具有美白和抑制皮肤粗糙的功效。所以养成吃柠檬的习惯，对炎热夏天里的健康管理有很大助益。

·柠檬的挤法

挤柠檬一般可用挤汁器和徒手拧这两种方式，但你知道还可以用汤匙轻轻挤吗？一只手拿着被横切成一半的柠檬，另一只手拿一个大汤匙用力插入柠檬的横断面旋转，这样可避免浪费柠檬汁。

·烤柠檬

你知道烤柠檬吗？将切成两半的柠檬放入加热好的特氟龙平底锅，不用倒油，直接将柠檬的断面朝下放置，无须用铲子移动，直到烤得有点焦就做好了。煎烤可去除柠檬汁的酸味，让柠檬味道变得醇厚。比起直接切好的生柠檬，花费了一番功夫的烤柠檬更美味，还可搭配沙拉、吐司，请一定试试。

· 柠檬醋

把切成圆片的柠檬、饴糖、醋，按 1∶1∶1 的比例准备好。在柠檬中加入饴糖，再倒醋混合。柠檬大约 1 个 100 克，但这里用 50 克就行。当饴糖完全溶解，直接放入冰箱一宿。做好的柠檬醋可以浇在烤好的肉、鱼、炸鸡块上，也可以做腌泡酱汁或沙拉调味汁，对很多料理都能帮上忙。

此外，把切成圆片的柠檬和等量的饴糖混合，可快速制作柠檬糖浆。如果兑点碳酸，就是柠檬苏打，另外，搭配酸奶和冰激凌也很好吃。

051

用香草茶
调整身心。

香草是指有香味的草，即便没有庭院，也可以用小花盆或栽培箱种植，随时采摘枝叶，给菜肴增添丰富的香味。

以前在欧洲，香草被当作治病良药而流传。洋甘菊有利于治愈头痛，罗勒有助于缓解感冒症状，总之香草的功效非常多样化。而这些最初被视作药物使用的香草，如今因它们的香味能帮人体恢复精神、放松心情，被广泛应用起来。

·如果有新鲜香草

如想悠闲度过餐后时光，那我推荐香草茶。提到香草茶，大家往往想到的是茶包或干香草，但你若恰好栽培了香草，不妨用刚摘下来的新鲜香草泡杯茶。有了新鲜的香草，才能品尝出香草茶真正的美味。

·香草茶的泡法

首先准备一个陶瓷或玻璃材质的茶壶，当然也可以选带滤茶网的茶壶，按自己喜好挑选就行。

在准备好的茶壶里放适量新鲜香草，慢慢倒入沸水，闷 3 ~ 5 分钟后，略带黄绿色的香草茶就做好了。如果使用的是透明茶壶，还能观赏在水中沉浮的叶子和注入热水后的颜色变化。

·用甜味点缀

为了让香草茶更美味，可以做些甜糖浆作为点缀的配料，无论以下哪种饮品都和新鲜的香草茶很配哦。

“蜂蜜姜汁”

1　准备 100 克生姜，洗净姜皮上的污垢，带皮切成薄片。

2　将 200 克蜂蜜和生姜放入煮沸消毒过的保存容器中，搅拌均匀。常温保存两天后即可使用。

“柠檬醋糖浆”

1 国产柠檬 2 个，用少许盐揉搓清洗，切掉两头的蒂。用沸水煮 1 分钟，煮好拿出后擦掉热水，切成片。

2 将柠檬、300 克细砂糖、300 毫升醋倒入煮沸消毒过的保存容器内，搅拌均匀。常温保存两天后即可使用。

* 柠檬通常一周内取出。

·也可以制作香草水

在矿泉水中加入新鲜香草和柠檬，放入冰箱冷藏即可。清爽的香草水可以放在餐桌上，方便随时享用。矿泉水的透明感加上各种造型的香草，看上去十分凉爽。

·香草的保存

新鲜香草可以用稍微打湿的纸巾包好，然后放入塑料袋封口或者放入保存容器封盖，可在冰箱保存 3 ~ 4 天。

大家尽情享受香草饮料吧，新鲜的香味能让身心变得娇嫩水灵。

052

把米分成小份，放入冰箱保存。

作为每日米饭的原材料，大家平时是怎么保存米的呢？米是生鲜食品，非常敏感，不同的保存方法，煮出来的米饭味道也不同。

仔细计量每顿饭的量，分成小份。

如果用原装袋保存米，通风的小孔会导致水分蒸发、米粒变干、湿气附着，所以请不要这样保存。

米最好保存在温度低、湿度低、没有阳光直射、光线偏暗的地方。具体来说，就是湿度在 70% 左右、温度在 15 摄氏度以下、持续保持一定低温的环境下保存。但家里很难找到适合的地方，因此建议用冰箱保存。

·买回来后放冰箱

放冰箱保存的话，米粒会冷却，不仅能锁住米饭的鲜味，还能短时间内煮熟，而且烹煮时，米饭香喷喷的气味会飘散出来。如果可以，最好把米放在温度和湿度都很均衡的蔬菜室保存，因为蔬菜室一般不会放含水量高或香味浓烈的东西。

放入冰箱时不要全部一起塞进去，而是按每次做饭的量分成小份，铺放在蔬菜室的底部。

分装时请用带拉链的密封袋，非常实用。分成小份后不仅淘米方便，平铺在蔬菜室也不会妨碍其他食材，同时还能像保冷剂一样起到缓冲的作用。如果你的冰箱没有蔬菜室，为了均匀冷却，请把米放在离冷气出风口最远的地方。

比起常温保存，冰箱能长时间保存精米的美味，但即便如此，也请在一个半月的时间内吃完。

合作方：西岛丰造（Suzunobu）[1]

1 Suzunobu，公司名，日本一家销售大米的公司。西岛丰造，人名，是 Suzunobu 的社长。

053

白米要细心淘洗。

在刚煮好热气腾腾的米饭上撒放萝卜叶碎末和削成薄片的鲣鱼片，然后再淅淅沥沥地淋上酱油，味道真是无与伦比。这是只有在日本才能品尝到的美味之一，为了能吃到这样的美味佳肴，白米要煮到位才行。

说起淘米，想来有不少人脑海里浮现的是有节奏地转动手腕，嘎吱嘎吱淘白米的母亲的身影吧。现在淘白米的方法已不同以往。以前由于精米技术差，被加工成精米的米常会黏着糠，成品率不高，所以需要用手掌摩擦，精心淘洗。但现在的精米技术已大大提高，没必要再嘎吱嘎吱地摩擦，米粒表面氧化的部分和黏着的糠，都只需轻轻淘一淘就能去掉。就当下而言，与其说是淘米，倒不如说用水清洗来得精准。

想用电饭煲煮出美味的白米饭吗？那就来练习正确的白米淘洗法吧。

· 精准测量

精准的测量很重要，将米倒入 180 毫升的计量杯后左右晃动杯子，使其平整，这是一合。如果无法顺利弄平整，可以用筷子沿着计量杯的边缘刮掉多余的米粒。记住，米一定要紧实地塞在量杯中。

· 第一遍洗涤

为了去除米粒表面的污垢和灰尘，淘之前，用水洗一遍。在大碗内倒入测量好的米，快速注水，让全部米粒沉入碗底即可。由于米吸收水的速度很快，一旦吸入，连米芯也会浸透，所以可以的话，建议使用净水器过滤过的水或矿泉水洗涤。

进行第一遍洗涤时，注水后轻轻搅拌，然后马上倒掉水，从注水到倒水大约 10 秒。搅拌时，有些米可能会浮上来，这是煮熟后会变得黏糊糊的潮湿的米，请尽量把它挑出来。

· 第二遍洗涤

再次把水注入碗中，水量需淹没所有的米，轻轻搅拌后快速倒掉水，即便没控干净，碗内残留一点水也没关系。这次用自来水就行，因为第一次洗涤时米已经吸饱了水。

· 淘米

用手轻轻搅拌碗里的米约 20 回，注意手要一直宛如握着垒球般匀速搅拌，就像打蛋器一样，轻轻摩擦米粒的表面。

· 倒掉混浊的水

淘完米，碗底会出现乳白色的混浊水，这时不要直接倒掉，而是快速注入大量干净的水，搅拌 2 ~ 3 次后冲淡混浊的水并倒掉。注意这个步骤需要重复一次。

· **最后检查水**

为了确认米是否淘干净了，可再次从碗的边缘缓缓注水，尽量避免水流冲击米粒。如水的颜色几乎透明，那米就淘好了。

从洗涤到淘洗，花费 3 分钟左右是最理想的。淘米时注意手法要娴熟，别着急，干脆利落地进行。重要的是，不要忘记对劳动人民的感激之情，要为吃这顿饭的人着想，细心淘洗。

淘完后，没必要沥干水。倒入电饭煲的水量基本通过目测锅内的刻度就能掌控。淘好的米请别放太久，最好立马开始烹煮。

如果不管哪天你都能煮出形状和柔软度不变、自始至终都很美味的米饭，那说明你已经学会了淘米的方法。

合作方：西岛丰造（Suzunobu）

054

煮豆腐渣的秘方是，蛤仔、干贝和最后加的醋。

首先一边快速搅拌豆腐渣，一边翻炒。

诀窍是胡萝卜和牛蒡尽量切成细丝。

倒汤汁直到刚刚漫过食材，然后慢慢炖煮。

最后加醋调味，把它放在刚煮好的米饭上，味道独特。

还记得小时候附近豆腐店的屋檐下有口一搂粗的大锅，有天锅里冒出了滚滚热气，看到这一幕的我大吃一惊，慌慌张张跑回家把事情告诉了母亲。听闻后母亲大笑着说：“不是火灾，没关系的，那是豆腐渣，又叫水晶花，比豆腐还有营养哦。”原来我把热气错看成了烟，母亲当晚便给我做了煮豆腐渣。

长大后每次吃煮豆腐渣，这段回忆就会在脑海盘旋。我很喜欢豆腐渣的气味和味道，令人怀念，非常美味，而煮豆腐渣的妙处在于每家做出来的味道都不一样。

一份好吃的煮豆腐渣，蛤仔肉和干贝是其美味的秘诀。另外，我的秘方是最后加醋，请一定按照这个步骤制作。

· 制作方法

1 先用 50 毫升的水泡发干贝一宿，将胡萝卜和牛蒡切成长约 2 厘米的细丝，并将切好的牛蒡在水中浸泡 10 分钟左右，捞出，沥干水。葱切成小段。

2 将色拉油倒入大锅，中火炒蛤仔，盛出。用炒完蛤仔肉的油继续炒豆腐渣。

3 将豆腐渣倒入锅中，翻炒后加胡萝卜、牛蒡、干贝和回味汁[1]，快速翻炒。

4 加酒、汤汁[2]、砂糖、酱油，中火烧煮。加蛤仔后转小火慢煮 50 分钟。

5 煮干水后，加葱，用铲子搅拌均匀，以防烧焦。

6 炒到水分完全蒸发，加醋，快速搅拌，煮豆腐渣就做好了。

材料（4 人份）

豆腐渣……250g

蛤仔肉……130g

干贝……10g

胡萝卜……1 根

牛蒡……1 根

葱……2/3 根

色拉油……2 大匙

酒……60mL

汤汁……800mL

砂糖……60g

酱油……60mL

醋……1 大匙

1 泡过干香菇的水，可以用来做汤或是煮土豆。

2 日本人用鲣鱼、海带、小杂鱼干、香菇干等煮成的汤汁，广泛用于汤菜或炖菜。

055

土豆炖肉要多做几次，
才能找到属于自己的味道。

刚做好的很好吃，放一晚上的土豆炖肉也是绝品。

胡萝卜、魔芋丝、扁豆等，可自由组合配料。

首先炒洋葱和牛肉，这两样食材很容易黏在一起，要小心炒。

土豆炖肉是一道越做越好吃的菜，所以请下功夫多做几次，做出专属你和你家的味道。土豆炖肉其实也是一种土豆料理，无须特别烹煮，就能尽情享受土豆的美味。下面介绍如何烹饪。

· **制作方法**

1 制作佐料汁。在锅内倒入日式甜料酒和日本酒，中火熬煮蒸发酒精，关火充分冷却，倒酱油混合。

2 土豆去皮，一个个用保鲜膜包好，放入 600 瓦的微波炉加热 8 分钟。

3 将土豆切成适宜食用的大小，洋葱切成薄片。

4 中火炒牛肉和洋葱 3 分钟左右，洋葱炒熟后加土豆。

5 均匀倒入佐料汁，边搅拌边煮 5 分钟左右，注意搅拌时不要弄碎土豆，当汤汁变得较少时就做好了，可以撒点萝卜苗和黑胡椒。

材料（4 人份）

牛胸肉（猪胸肉也可以）……200g

土豆……400g（4 个小的）

洋葱……1 个

萝卜苗……适量

日式甜料酒……100mL

日本酒……2 大匙

酱油……2.5 大匙

黑胡椒……适量

056

快速做
意大利面。

大家平时都是怎么煮意大利面的呢？让我们来学习一下不为人知的、将意大利面煮得劲道的方法吧。

煮得劲道的方法

· 烧开水

下面是煮熟一人份（100 克）的方法。将 2 升的水倒入深底大锅，大火加热，直到咕嘟咕嘟沸腾。注意如热水量不足，意大利面将无法散落。两人份的话需要 4 升水，煮四人份时不要一次性煮，请拆分成两次。水烧开后，意大利面在沸水中摇晃，真是激动人心。

· 放盐调味

在开水中加一大匙（16 克）盐，煮好意面后盐水可用作底料，恰到好处的咸味与调味汁、配料等融为一体。

· 呈放射状的意大利面

双手握住意大利面，轻轻揉搓，然后同时松开双手，意大利面会漂亮地呈放射状散开。当意面摇摇晃晃沉浸在沸水中，可用筷子轻轻搅拌，以免面条黏在一起。

· 热水咕嘟咕嘟，意面摇摇晃晃

煮面时小心不要让沸水溅出锅外，火候决定意面在热水中摇晃的程度。可偶尔用筷子在锅内搅拌，以防意面缠绕。但如果火太大煮得稀里哗啦涌出锅外，或频繁用筷子搅拌的话，意面的表面会被削得很粗涩，请注意盯紧。

· 尽快确认煮得怎么样

请精准计算煮面的时间，虽然意面包装袋上会提示煮多久，但在这个时间之前就要捞根意面尝尝口感。面条的中心残留针尖大小的芯，才更劲道。

· 动作利落地完成

觉得稍微有点硬的时候（距口感劲道一步之遥时最佳），把汤面倒入笸箩，沥干汤水。煮好的意面要趁热立即烹饪，如果你想用水煮汤做酱汁，那在面煮好前，就要舀出点汤水，这样还能防止意面变干。

· 重要的事

煮意面最重要的是判断煮熟的时机和捞出后该控多少水，别控太多导致面条干巴巴或黏糊糊。煮到位的意面，其实就这样吃也很美味。

另一件重要的事是，煮好的意面膨胀速度快，要尽早烹饪食用。好啦，不要磨蹭，快速地做吧。

057

混炒蔬菜是
决定炖猪肉好吃与否的法宝。

要点是将洋葱、芹菜、胡萝卜切成细丝。

如果时间仓促，
可用食物处理器弄碎。

用铲子搅拌慢炒，直到蔬菜变软。

美味的炖猪肉做好了。

让它睡一晚，味道会更浓郁更好吃。

前几天我在朋友家吃了好吃的炖猪肉，他教完后我马上试着做了一次，没有失败，特别好吃。其中有道工序叫“混炒蔬菜”，即把蔬菜切成细丝，用橄榄油慢炒。据说这样做味道鲜美，炖起来味道温和。

用牛肩肉代替猪肉的话可以做炖牛肉，关键是红酒和西红柿要按 1∶1 的比例煮熟。

· 制作方法

1　将洋葱、芹菜、胡萝卜切成碎末。

2　把切碎的蔬菜放入倒有橄榄油的深口锅中，小火炒 15 分钟左右，直到水分消失。

3　把猪肉切成 3 ~ 4 厘米的方块，撒盐和黑胡椒，用手充分抓揉。

4　用厨房用纸擦拭猪肉的水分，然后全部涂上低筋面粉。在平底锅内倒入色拉油，中火煎猪肉表面。

5　将煎过的猪肉放入蔬菜锅，倒红酒，中火炖煮。

6　红酒酒精蒸发，整体变黏稠后加水煮西红柿罐头，大火煮熟。

7　转小火炖煮 30 分钟左右就做好了，装盘后可撒些意大利芹。

材料（4 人份）

猪胸肉（块状）……700g

洋葱……1/2 个

芹菜……1/2 根

胡萝卜……1/2 根

橄榄油……1 大匙

低筋面粉……适量

红酒……400mL

西红柿水煮罐头……400mL

水……200mL

色拉油……适量

盐……适量

黑胡椒……适量

意大利芹……适量

058

汉堡牛肉饼要揉均匀，而且有焦黄的痕迹。

要说什么是我最喜欢的家常菜，那一定是汉堡牛肉饼。想吃好吃的汉堡牛肉饼，最好的办法就是亲手做。做汉堡牛肉饼的诀窍是充分搅拌食材，然后先将两面烤到焦黄，盖上锅盖，慢慢干蒸。这样做能使肉饼表面变得松脆，饼内饱含肉汁。用 300 克的食材可以做 4 个汉堡牛肉饼，但如果是给朝气蓬勃的年轻人吃，可以改做 2 个巨无霸，一定会大受欢迎。

此外，可以在牛肉饼上放荷包蛋和奶酪，也可以浇上自己家做的番茄酱，或用萝卜泥调和成日式风味，请一定按我家的方法尝试做做看。

一开始焦黄了，
所以表面变得松脆，里面却有很多肉汁。

· **制作方法**

1　洋葱切成碎末，在平底锅内倒入橄榄油和洋葱，一直炒到洋葱颜色变透明，盛入碗内或方平底盘，待其充分冷却。

2　在面包粉中加牛奶，快速搅拌。混合牛肉和猪肉末，加盐，用手抓匀后加步骤 1 里炒过的洋葱、面包粉、打好的鸡蛋、肉豆蔻、黑胡椒。

3　揉到整体发白，中途可以用铲子，很方便。

4　把揉好的食材用保鲜膜包好，在冰箱中放置 30 分钟左右。

5　手掌涂橄榄油，拿起 1/4 肉末，揉圆后用手轻轻拍打 20 次左右，挤出肉末里的空气。将肉末捏成硬币形，为了能让热量均匀渗透，肉饼中间可稍微凹陷些。

6　在平底锅内倒三大匙橄榄油，保持低温，放入汉堡牛肉饼，中火慢烤肉饼两面直至焦黄。

7　转小火，盖上平底锅锅盖，干蒸 2 分钟左右。注意中途不要打开锅盖。

8　烤好后，用铝箔纸包好保温（这时要转身做酱汁，所以要确保肉饼不会冷掉）。

9　倒掉平底锅内的橄榄油，加红酒，煮沸。再加英国辣酱油和番茄酱，搅拌均匀，小火煮 3 分钟左右。最后加黄油，继续搅拌，直至酱汁变得黏稠。

10 把汉堡牛肉饼盛在盘子里，浇上酱汁即可享用。

材料（2 ~ 4 人份）

肉末（牛肉 210g，猪肉 90g）……300g

盐……3g

洋葱……1 个（160g 左右）

橄榄油……适量

面包粉……40g

牛奶……60g

鸡蛋……1 个

肉豆蔻……1/2 小匙

黑胡椒……1/2 小匙

* 酱汁的材料

红酒……60mL

英国辣酱油……60mL

番茄酱……30g

黄油……10g

059

用剩余的蔬菜
做藏红花汤。

拿出剩余的蔬菜，
从不太新鲜的食材里挑选做汤的配料。

放入藏红花。分量参考上图。
藏红花搭配鲣鱼汤非常好。

把所有食材放入锅内，盖上盖子慢炖，
蔬菜有利于健康。

藏红花的颜色很漂亮。
待第二天味道浸透后更好吃。

蔬菜如果能一次性用完是最好的，但类似土豆、洋葱、胡萝卜这样的常用菜常会剩下，而且容易变老。这些剩余的蔬菜一般很难处理，但只要学会我家这道招牌菜——藏红花汤，以后就能轻松搞定剩菜啦。

无论什么蔬菜都可以做食材，所以只需记住汤底的做法。当然薯类、葱类、根菜类、香草类都能来一点的话，味道将是无可挑剔。南瓜和红薯可以代替土豆，大葱可以代替洋葱，牛蒡可以代替胡萝卜，任何种类的香菜都可以。方法是把蔬菜切成相同大小，而好吃的关键在于鲣鱼汤包要放两次。

· 制作方法

1　把萝卜、洋葱、胡萝卜、土豆全都切成 1 厘米方块，萝卜叶也要切碎。罗勒、大蒜、生姜切成碎末。

2　将全部食材放入大锅中，加 2 袋高汤包、藏红花、盐，再加水，大致搅拌一下。

3　盖上锅盖，中火加热。沸腾后转小火煮 1 个小时左右。

4　1 个小时后，取出高汤包，再重新放入 1 个汤包，小火炖 30 分钟左右。

5 取出汤包，用黑胡椒（非必需，适量即可）调味就完成了。

材料（6 人份）

萝卜……1/4 个

洋葱……3 个（混 1 个红洋葱）

胡萝卜……2 根

土豆……2 个

罗勒……适量

大蒜……3 片

生姜……1/2 片

月桂叶……4 片

鹰爪红辣椒[1]……1 根（一切为二，去籽）

鲣鱼汤包……3 袋

藏红花粉……0.2g

盐……6g

水……1000mL

1 鹰爪红辣椒：一种日本红辣椒。

060

偶尔奢侈一下，升级牛肉盖饭。

挑选牛肉时，可按个人喜好选里脊或薄肉片。将牛肉切成大块是好吃的诀窍。

首先煮熟洋葱。

一片片摊开牛肉，慢慢炖煮，盛在米饭上。

食材只有牛肉和洋葱。
浇上新鲜鸡蛋液也很好吃哦。

用寿喜烧薄肉片煮出来的牛肉盖饭既简单又好吃，加了作料的洋葱甜味十足，锦上添花。是不是没想到在家做牛肉盖饭竟然也能这么好吃？中国有道名汤叫佛跳墙，直译的话，汤汁散发出浓郁的香味，就连闻到香味的修行僧都忍不住为它跳墙而出，现在介绍的牛肉盖饭就是道类似佛跳墙的佳肴。

· 制作方法

1　在小锅内放日式甜料酒和日本酒，中火煮一会儿。

2　从灶火上取下小锅，冷却后加酱油搅拌。作料汁就做好了。

3　洋葱切成薄片，牛肉切成适宜食用的大小。

4　把所有作料汁放入锅内（平底锅也可以），开中火，放入洋葱。

5　洋葱变透明后放牛肉，每次放 3 ~ 4 片，然后盛在米饭上。

6　最后把洋葱盛在牛肉上，按喜好加作料汁即可。也可以放些切碎的青紫苏叶。

材料（2 人份）

寿喜烧用的牛肉……180g

洋葱（1 个小的）……100g

日式甜料酒……100mL

日本酒……2 大匙

酱油……2.5 大匙

青紫苏叶……适量

061

用黑胡椒和干辣椒粉做豆腐牛排。

依个人口味撒些鲣鱼干也很好吃哦。

秘诀是要沥干豆腐。

用剩余的调料快速炒大葱，直接吃味道也不错哦。

如果你在烦恼今晚吃什么，那不如来份酱烧豆腐，这是道在沥干水的豆腐上撒小麦粉、淋上酱油后煎出来的简单又好吃的家常菜。我家喜欢做香辣味，先在豆腐上撒满黑胡椒，再加干辣椒粉煎烤，堪称绝品，放在米饭上也很好吃，请一定试试看。

· **制作方法**

1　用几张厨房用纸包好木棉豆腐，用盘子等物件压 10 分钟左右，沥干水。大葱斜切成薄片。

2　横放沥过水的木棉豆腐，纵向切成两半，再将每份横向一切为二。

3　在豆腐上薄薄地涂一层小麦粉，单面撒上黑胡椒。虽然我推荐多撒一点，但还是请参考个人口味调整用量。混合干辣椒粉、酱油、芝麻油、酒。

4　开中火，在平底锅内倒入色拉油，把撒有黑胡椒的那面豆腐朝下放入锅内，煎至焦黄。

5　将煎好的那面豆腐翻过来，加准备好的调味料，中火煎烤 5 分钟左右，使调味料和豆腐完全融合。

6　从平底锅内取出煎好的豆腐，把大葱放入锅内，和剩余的调料一起炒，直至葱花变软。

7 把大葱和豆腐装盘就完成了。

材料（2 人份）

木棉豆腐……1 块

大葱……1 根

小麦粉……适量

黑胡椒……适量

干辣椒粉……适量

酱油……1.5 大匙

芝麻油……1 大匙

酒……2 大匙

色拉油……适量

062

用锋利的菜刀切菜，换位体察品尝者的心情。

日本拥有优质的水源，自古以来盛产新鲜的蔬菜、鱼贝，日本是把生食放在首位的民族，烹饪非常注重刀功。

对料理而言，切食材这一步骤至关重要，特别需要讲究刀法。工具选菜刀或小刀，菜刀要定期打磨，保持锋利。

· 时常打磨菜刀

锋利的菜刀能给烹饪带来更多趣味，提高料理完成度。切卷心菜、洋葱、土豆等蔬菜时，不仅不会觉得手累，甚至有种想一直切下去的冲动。

有人害怕菜刀太过锋利误伤手指，但其实钝刀因要特别使劲，才更容易失控划伤手指。当然，用磨好的菜刀也要当心。

好刀功下的整齐切痕。

· 精心切菜

漫不经心下厨房会得不偿失，虽然坚持实操并不简单，但请每天都用心切菜，确认今天的厨房和以往有什么不同。做菜者的心境如有变化，吃饭时总能被察觉到。

下面介绍菜刀的基本使用法。

切薄片时用刀尖切，切丝用菜刀三分之一的部位，削皮用刀根处，乱切时用刀尖。切之前，用湿布擦一擦菜刀，中途也可以多擦几次，去除污渍。

· 手作的美味

虽然调味挺难的，但刀法可以通过训练和心情来提升。以切丁为例，做汤时可以把切得差不多大小的胡萝卜、土豆、洋葱等蔬菜和切得参差不齐的做对比，就会发现即便调味做得一般，但用切得整整齐齐的蔬菜做出来的汤总能让人感觉味道还不错，这是为什么呢？因为它融入了料理人精心切菜、考虑品尝者心情的手作。

· **来自薄片的教导**

薄片是日本料理的基本刀法，即把蔬菜切成一寸（约 3 厘米）长。为什么要切成一寸呢？因为一寸既方便入口又方便咀嚼，据说是最适宜日本人食用的大小。

无论做什么料理，都尝试思考怎么做适宜食用。硬的东西、软的东西、容易切的东西、难切的东西、热的东西、冷的东西等等，食材和料理可谓各式各样。

· **关键在于心意**

孩子和老人吃起来方便吗？——做菜时要好好考虑类似的关怀，比如用怎样的菜刀，把菜切成多大，这些心意，都将体现在料理的味道及外观上。

然后想想农民伯伯看到自己做料理的样子会开心吗，不管多忙，都不能忘记对耕耘者和食材的感激之情。如果连扔掉的食材都外观整齐，那将是最理想的。

063

你会擦桌子吗？

我们一天要擦好几次桌子，但大家都是怎么擦的呢？抱着这一疑问，我问了很多人擦桌子的方法。

得到的答案各式各样，首先拧干湿抹布是大家都会做的第一步，但有人打圈擦，有人前后来回移动着擦，有人呈“Z”字形擦，还有人吭哧吭哧使劲擦，总之各不相同。那正确的擦拭方法是怎样的呢？

· 不着急，慢慢擦

我们来学习一下擦桌子的方法吧。首先打湿抹布，然后拧干，注意，如果不拧干，不管擦多少次，水气都会扩散污渍，还会在桌面留下水迹。

· 从远到近

把拧干的抹布叠得稍微比手掌宽一些，如果是右撇子，把抹布放在离自己较远的桌子右上角，然后用力往左擦，当抹布移动到左上角，把它稍微下移些，从左向右擦一遍。按照这一规则，从远到近地擦，直至擦到跟前。擦完后，小垃圾和污渍不但不会散落在桌面，反而全被汇聚在了抹布下。

· **最好再干擦一遍**

无论拧得多么干的抹布，都会残留少量水分，所以刚擦完的桌子是湿的，这时用干抹布按照同样的手法再擦一遍是最完美的。最后把器皿及盘子放在干净整洁的桌面，一眼望过去，比平时更利落漂亮。

· **饱含心意**

在擦干净的桌子上吃饭、工作，心情也将愉悦。做事前后用心收拾准备，这是重要的礼仪。无论多忙，都请调整心态，心平气和地慢慢做。

064

冰箱就像一个小家，清扫需要些小心机。

一想到可以像打扫房子一样打扫冰箱就觉得很开心，先把房子里的东西全拿出来，从地板到墙壁、天花板都擦干净，然后分类房子里的东西，做好断舍离，整洁利落的冰箱环境也是这样打造的。

· 切断电源

打扫时需一直敞开冰箱门，如果插着电源，会给冰箱增加负担，所以请先切断电源再打扫。并且，如果冰箱处于制冷状态，污渍会一直凝固，很难擦掉。

· 确认日期

拿出冰箱里的东西，然后用几个大塑料袋给这些食材进行分类，同时确认食材的保质期或保鲜期，及时清理。

平时定期清扫冰箱。

擦完污渍后再清扫蔬菜室，一定要等它充分干燥再通电。

· **制作小苏打水**

先将 200 毫升的水和 1 ~ 2 小匙的小苏打放入喷雾瓶内，然后喷满冰箱内部，放置一段时间后污渍会浮出，然后用抹布擦掉即可。

· **酒精除菌**

用小苏打水去污后，再用酒精除菌。肉眼看不到的霉菌很容易在冰箱内繁殖，用酒精喷雾除菌的话，食材不易发霉。喷完酒精记得用干布擦一遍。

· **抽出能拆卸的搁架**

例如放鸡蛋的塑料盒、托盘、门搁架等，只要能拆卸的全取出来用水清洗，注意彻底清理藏在细小缝隙里的污垢。

· **有条不紊地清理冷冻室**

先把冷冻中的食材暂且放入保温箱，然后用小苏打和酒精擦干净冷冻室，打扫后立马将食材放回冷冻室。

· 检查冰层过滤器

如果冰箱装有自动制冰机，请检查过滤器有无黑色霉菌，装了自来水的供水箱温度为 3 ~ 5 摄氏度，容易滋生霉菌。如冰面散发出奇怪的气味，那有可能是霉菌引起的。这时不要用洗涤剂，用清水冲洗即可。虽然每家制造商的标准不同，但冰层过滤器的更换周期是 3 ~ 4 年。

· 冰箱周围也要打扫

冰箱周围常会积累很多黏黏的灰尘和小垃圾，所以请移动冰箱，打扫冰箱背面和四周。另外，请取下冰箱下方的盖子，用扫帚和吸尘器清扫。因冰箱门常开常关，其外侧也容易在清扫时变脏，所以最后请用水擦一遍。

· 最后整理食材

清扫结束后整理食材，像摆家具一样给食材选择搁置的地方，全部归纳好后，打开电源，冰箱的清扫正式告一段落。

065

推荐小扫除制作确认表。

尝试做一份有助于每日扫除的确认表吧。

家里有很多地方容易忽略打扫，建议大家做一份一周一次或一月一次的小扫除列表，列表里列举的都是非常简单的清扫，完全不会有压力。当然，每家列表的优先顺序各不相同，大家可参考下文制作自己的小扫除列表。

小扫除列表

· **鞋柜**

收纳鞋子的鞋柜很容易堆积沙子和灰尘，建议把鞋子都拿出来，用刷子打扫一遍。

· **灯罩**

用抹布擦掉家里灯罩上的污渍，然后用吸尘器打扫地板。

· 窗户框轨道

用旧牙刷清理嵌在窗户框轨道里的垃圾。

·窗帘轨道

窗帘轨道很容易堆积灰尘，可先用鸡毛掸子或去除灰尘的刷子打扫，然后用吸尘器清理地面。

·开关面板

因为常被触碰，容易有污痕，请用浸泡过小苏打水的抹布擦拭。

·信箱

无论是外侧还是内侧，都要彻底清理干净，然后用抹布擦干净。

·水龙头和管道

厕所、盥洗室里水槽的水龙头和管道常常因为水垢变得不光滑，请用抹布擦亮它们吧。

·微波炉内

在耐热的玻璃容器内倒入约 200 毫升的水，放入微波炉内加热 3 分钟，加热后不打开微波炉，放置 10 分钟，利用蒸汽清除里面的污垢，最后用抹布擦净。

· **冰箱**

请参考本书第 260 页。

· **换气扇**

请参考本书第 68 页。

· **火撑子**

喷小苏打水，用海绵清洗。如果有擦不掉的顽固污渍，可将火撑子浸泡在溶有小苏打的水里。

· **餐具柜**

取出全部餐具，用浸有小苏打水的抹布擦柜子里的每一个角落，同时整理餐具。

· **窗户玻璃**

喷玻璃清洁剂，用抹布从上到下地擦拭，去除污痕和污渍。

· **衣帽间地板上的灰尘**

取出放在衣帽间地板上的所有东西，用吸尘器打扫地板的每个角落。

066

清爽干净的白衬衫。

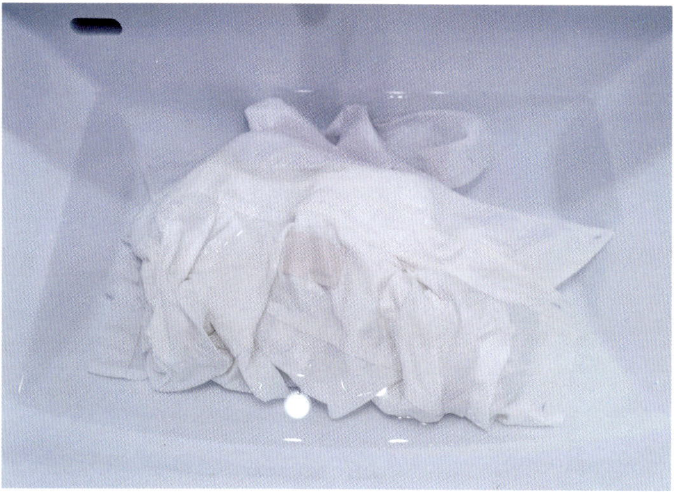

泡在热水里，有效去除黄渍。

用刷子刷，黄渍会渐渐变浅。

穿上干净的白衬衫，心情总会特别舒畅。但白衬衫的领口和袖口很容易变脏，这也是我们平时洗衣服洗不干净的烦恼之一，那白衬衫要怎么洗涤呢?

·首先需要知道的事

建议分开清洗白色衣服和其他衣服，用温水清洗白色衣物可改善污渍情况，如果领口和袖口比较脏，可针对这些地方重点清洗，最后漂洗干净。

·可这样清洗局部污渍

在盥洗室的水槽或盆里装约 40 摄氏度的热水，浸泡衬衫领口和袖口等比较脏的地方约 10 分钟。然后将洗衣用的固体肥皂打在发黄的地方，用刷子轻轻刷，注意不要刷坏布料，最后用清水漂洗肥皂泡沫。

洗完局部后，用洗衣机正常清洗。如黄色的污渍还没洗掉，那就用大锅烧开水，倒入一小撮弱碱性洗涤剂，把衣服放在水里煮 10 分钟左右能起到漂白的效果。

·固体肥皂很方便

洗衣服一般用弱碱性洗衣剂就行，但碱性洗涤用的固体肥皂对去除顽固污渍有奇效，所以最好也要备一块在家。当固体肥皂在热水中溶解，酵素被激活后，能有效去除衣服上的黄渍和黑斑。至于用凉水还是热水洗衣服，需视情况而定。

清洗白色衬衫的重点在于及时去除领口污渍，养成先花点功夫手洗再机洗的习惯。

067

把心意
打包进包袱。

日本还保留着用包袱皮打包土特产和礼物的送礼文化，包袱皮不仅有“包裹幸福”的寓意，更有体谅对方、打包心意、团结一心的作用。

日常生活中，送土特产或送重礼的场合并不多见，用包袱皮时，要多考虑它将面对什么、需要重视什么、该如何打包打结。哪怕面对的是自己，也要传递包容、团结的感恩之心。

小心翼翼地打包心意。

使用包是这样的

下面介绍无论是正式场合还是日常生活都能用上的“使用包[1]”打法，它可固定装在包袱里的东西，方便携带，如熟悉手法，会是非常便利的打包法。

使用包只需打一个死结，所谓死结，是包包袱时常会用到的一种基本系法。如果死结打得漂亮，整个包裹会变得更优美。不过外在的漂亮只是一种形式，无法深入人心，请在想象中注视对方的脸，诚心诚意地打包吧。

·使用包的打包手法

1　把礼物放在包袱皮中间并斟酌如何摆放。记住要把礼物当成自己的心意来对待。

2　把靠近我们这侧的包袱皮一角包在盒子上。

3　把对角的另一侧也包在盒子上。

4　调整左侧的角，放在盒子上，再调整右侧的角。

5　注意不要弄歪左右两角。

1　使用包：惯用叫法，日本包袱皮最基本的打包方法之一。

· **打结的方法**

1　两手各抓住左右角。

2　右角向后，两角交叉。

3　右角缠绕左角倒向前方，然后穿过左角下方。

4　左角倒向下方，右角重叠在其上面。

5　左角从下穿过右角。

6　拉紧两个角就完成了，最后整理下打好的结，使其与礼物平行。

068

盂兰盆节是重要的节日，请打扮下出门吧。

还记得小时候暑假一到 8 月就常听祖母、祖父念叨“盂兰盆节”“祖先”之类的话，家里也会匆忙准备花和灯笼，计划扫墓的日子。孩子们期待盂兰盆节的同时，更好奇去世的祖先如何再次神秘回家，甚至为此心跳不已。

8 月 13 日、14 日、15 日、16 日这四天是盂兰盆节，人们会在这几天举行祭祀祖先灵魂的重大活动。

大家平日里事务繁忙，很难抽空给祖先扫墓，估计很多人都不知该怎么扫墓。但一提及祖先会在夏日盂兰盆节回家，我们就会想到扫墓，想到感恩日常及要向祖先报告近况。这是让自己和全家人都心安的珍贵仪式。

如果现在心神不定，有烦恼或打不起精神，盂兰盆节期间也可以通过扫墓和与祖先交谈来给自己打气。祖先的灵魂是支撑自己内心的精神支柱，是值得感激的存在。

装饰亡者重要的遗物。

· 基本概况

今后该如何迎接盂兰盆节呢？盂兰盆节的四天一般是这样的，13 日开始进入盂兰盆节，全家一起扫墓。14 日、15 日是盂兰盆节的祭祀期，如有必要会举行法事。16 日是盂兰盆节的最后一天。一般会在 13 日装饰盆架、扫墓，而供奉祖先会持续到 16 日。

无法参加扫墓的话，该怎么办？这时要打扫干净自己家的佛龛，供奉鲜花、水果等，插上线香，双手合十。如果没有佛龛，用遗照代替也可以。

· 盂兰盆节的装饰

新盆[1]时，以防祖先迷路，指引其回家，人们会把用白木做的新盆灯笼悬挂在门口和屋檐下。新盆灯笼只能用一次，用完后焚烧或用纸包好扔掉。非新盆时也会在门口和屋檐下挂灯笼，但盂兰盆节结束后，这些灯笼可收起来明年继续用。

人们会在盂兰盆节准备一个叫盆棚的祭坛，然后在祭坛上铺小草席，在草席上放用茄子和黄瓜制

1 新盆：是指有亲人死去不到一年的人家迎来盂兰盆节时的情况。

作的“马”和“牛”（方便祖先往返乘坐）、团子、时蔬、水果，茄子和黄瓜切成细丝混入洗好的米里，在荷叶上供奉“水之子”，盆棚左右用灯笼装饰。像这样的盂兰盆节习俗各地也不尽相同，所以按各家习惯来就好。

· 重中之重

虽然上文介绍了惯例和形式，但更重要的是祭奠祖先的心情。正因为祖先才有现在的自己，所以要感谢祖先，感谢祖先有生之年积攒的功德，得以成全当下的自己。为了不忘却对祖先的感恩之情，盂兰盆节和春分等习俗是必不可少的。

孩子们为了在盂兰盆节扫墓时见到祖先，会特意盛装出门。为期四天的节日里，大家和祖先共进餐，共度日夜，给祖先送行。

总之，盂兰盆节是很重要的夏季节日。

069

遵守筷子礼节，做一个优雅用餐的人。

筷子是日常饮食中不可或缺的工具，那筷子的使用礼仪和用餐须知有哪些呢？我认为这是平时就该掌握的东西，请大家从多方面考虑吧。

俗话说“筷头五分，长则一寸”，意思就是用餐时只用到距离筷子头三厘米的地方，再往上不能弄脏，这是需了解的基本事项。

客人用的筷子要先用水浸泡，擦净后使用，这样可以防止米饭和酱油渗入筷子头，用完餐后筷子头既干净又美观。最重要的是，为客人悉心准备的心意和热情的招待一定能取悦客人。

不优雅的 12 件事

作为参考，下面介绍筷子的不正当用法，这些行为通常被称为“讨厌的筷子”。

· **迷茫的筷子**

用筷子在这盘那盘来回徘旋，犹豫该夹哪道菜。

· **移动的筷子**

伸出筷子正准备夹这道菜，但突然停住转向另一道菜。

· **探索的筷子**

像在找什么东西似的，用筷子在碗里翻找或在汤里搅拌。

· **刺穿的筷子**

用筷子刺穿菜后送进嘴里。

· **横着的筷子**

不用筷子夹菜，而是横向拿着捞菜。

· **硬塞的筷子**

用筷子把食物硬塞进嘴里。

· **舔筷子**

舔粘有米饭或食物的筷子头。

· **敲打的筷子**

用筷子敲击餐具。

· **横放的筷子**

不把筷子放在桌上，而是横放在餐具上。

· **墓碑式筷子**

把筷子插在饭里。

· **乱扒弄菜的筷子**

像用牙签一样用筷子。

· **挠痒的筷子**

用筷子挠头或挠痒。

另外，当饭菜摆上桌，正确的礼仪是先拿起筷子再端碗，如果手拿筷子揭碗盖或做其他事都是不礼貌的行为。

拿筷子的方法

尽量拿筷子的中上段，让筷子看起来比较长比较漂亮。和用钢笔、铅笔一样，手太靠近筷子头会显得很幼稚，当然“吃撑了”的话，交叉筷子是另一回事。

当桌上没有筷架，而中途又不得不放下筷子时我会特别困扰，如果用的是一次性筷子，把装筷子的袋子折起来当筷架倒是个不错的办法，但还有一种更好的方法，也是禅僧的礼仪：悬空吃脏的部位，将筷子头朝向自己架在碗上，这样筷子不会直接弄脏桌子。

顺带说一下，一次性筷子是日本独有的文化。重视清洁的日本人发明了新筷子只用一次的方法，据说江户时代末期的餐厅就已经有一次性筷子，并将这一文化延续至今。

正因为每天都要用筷子，我们更应该掌握这些使用方法，努力成为让人着迷的优雅之人。

070

淘 100 次糙米，普通电饭煲也能煮出好味道。

糙米是干燥稻穗，去除稻壳，没有碾过的米。表面残留一层薄皮，呈茶色，每粒都富含维生素、矿物质和食物纤维。

有人说糙米很难煮，直接煮会发硬，黏性不足，但仔细淘洗后用压力电饭煲或具备煮糙米功能的电饭煲烹煮的话，即便不会做饭的人也能煮出好味道。

如果家里没有压力电饭煲或糙米专用电饭煲，也可以淘洗糙米后在水中浸泡 9 小时左右，让糙米芯充足地吸收水分，然后用普通电饭煲烹煮即可。诀窍是在水里放一小撮盐，这样可以避免水的劣化。

·用笸箩淘糙米

要想煮出好吃的糙米，和白米一样，有淘洗的秘诀。淘过的糙米和没淘过的相比，煮出来的米粒更加饱满，口感柔软，不太粗糙。淘洗的基本手法和“白米要细心淘洗”（本书第 216 页）差不多，但不是用大碗而是用笸箩淘洗，淘洗的次数也不一

好好淘洗的话，煮出来的米丰满软和。

样，试着复习一下吧。

·精准计量

首先精准的计量非常重要，将糙米放入 180 毫升的量杯后，左右晃动杯子使其平整，这是一合。如果无法很好地把糙米晃平整，那就用筷子沿着杯缘削掉多余的分量。请记住要将糙米紧塞在量杯里（和淘白米时一样）。

·第一次洗涤

先把笸箩架在大碗上，然后倒入量好的糙米，迅速注水。有条件的话，可用过滤过的水或矿泉水。轻轻搅拌糙米，使全部米粒都浸入水中，然后倒掉水。笸箩最好选网眼细小且结实的。

·淘 100 次

用手匀速淘洗 100 次笸箩里几乎快要沥干的糙米，糙米摩擦笸箩网眼轻轻发出强有力的咯吱声。虽说 100 次，但只是一眨眼的工夫。还有这里说的 100 次只是强调要多淘几次，具体次数可视实际情况而定。

·第二次洗涤

淘糙米时碗底的淘米水会呈淡茶色，要冲洗干净。注入新的水后，搅拌 2 ~ 3 次。为了冲淡淘米水，请冲洗 2 次。

·仔细查看

请抓几粒糙米相互摩擦，确认淘洗后的糙米表面是否有刮伤，以及残留的那层薄皮是否脱落，如果是没有淘洗的糙米，会滑溜溜的，但淘洗过的会相互吸引，手感粗涩。

若感觉淘得还不够，可以再淘、再洗涤一次。洗涤同理，觉得没冲干净的话，可以注入新水搅拌 2 ~ 3 次，然后冲洗 2 次。

糙米不同白米，不会立马吸水，所以没必要像淘白米那样讲究速度。不过糙米淘太久容易碎，从洗涤到淘洗结束请大约控制在 7 分钟内。

淘洗后，如需在水中浸泡一段时间（用普通电饭煲烹煮时），可以把淘好的糙米放入碗内，倒入能淹没所有米粒的水量，加一小撮盐，放置 9 个小时。到点后，倒掉水，把米粒放入电饭煲，和白米一样煮熟即可。

合作方：西岛丰造（Suzunobu）

071

你煮的挂面好吃吗？

在被冰水浸泡过的挂面里放作料丰盛的蘸汁，滑溜溜的，特别好吃。想让挂面更好吃，请看下文基本烹煮法。

·要这样煮

煮一碗香喷喷的挂面的秘诀是要用足够量的热水，尽量用大锅烧开水，火候用中火，然后放面条，煮的同时用长筷子搅拌。

放入面后再次煮沸，然后倒半杯水，停止烧煮。

接着开火继续煮沸，在笸箩里放一只碗，把笸箩放入水槽，将面条倒入碗内。

一边开水龙头冲洗装有面条的碗，一边搅拌面条，让面条降到和水一样的温度。待温度下降，用双手咯吱咯吱地搓洗面条，随着搓洗，面条会起泡，要一直揉搓到没有泡沫为止，然后把面条浸泡在水里。

用手指捞起挂面放入装有冰水的餐具内。

揉搓到位的挂面滑溜溜的。

亲手做的蘸汁味道就是不一样。

蘸汁

用鲣鱼海带汤和作料汁调配蘸汁。

·制作鲣鱼海带汤

每升水放一片海带（约 20 厘米 ×10 厘米），一撮鲣鱼干（约 20 克），用拧干的抹布擦拭海带表面，表面的白粉味道还不错，可以不擦掉。把海带放入装有水的锅内，至少慢泡 30 分钟，然后开中火，沸腾前加鲣鱼干，立即转小火煮 1 分钟左右，但注意不能让其沸腾，关火。用长筷子轻轻搅拌，当鲣鱼干沉入锅底，在笸箩内铺放厨房用纸过滤汤汁。如汤汁有富余，可用在味噌汤及其他菜肴里。

·制作作料汁

材料是日式甜料酒 240 克，日本酒 3 大匙，酱油 6 大匙。先将日式甜料酒和日本酒倒入锅内，开中火煮 3 分钟左右，酒精挥发后关火，冷却后倒酱油就做好了。作料汁也可用于其他料理，所以一次可多做些。

鲣鱼海带汤和作料汁都做好后开始进入调配，鲣鱼海带汤和作料汁的比例是 1：1.5。调配好的蘸汁也可用作天妇罗调味汁。如果想做一人份的蘸汁，最佳调配比例是鲣鱼海带汤两大匙和作料汁三大匙。

芝麻酱汁

芝麻酱汁也可按不同口味调制，我喜欢用 1 份鲣鱼海带汤兑 1.5 份作料汁后加 1 份市面上常见的芝麻酱，搅拌均匀后香甜的芝麻酱汁就完成了。这种酱汁还可用于冷涮锅和生蔬菜。作料的话，请准备切碎的小葱和擦丝的生姜。

072

米饭之友，
绿辣椒炒小干白鱼。

花椒粉是调味的点睛之笔。
盛在米饭上尽情享用，好吃到想再来一碗。

做出美味佳肴的前提是好好准备调味料。

一眨眼工夫就做好了，
是道适合时间仓促时做的菜。

食欲下降的夏天，绿辣椒炒小干白鱼是我家的米饭之友。所谓米饭之友，就是类似佃煮和紫菜盐等可搭配米饭的小菜。事先做好放在便当、饭团里或当下酒菜吃。下面就来介绍这道绿辣椒炒小干白鱼，虽然是道小菜，但值得拥有。

如材料齐全，这是道只需五分钟就能完成的简单料理，也推荐搭配煎鸡蛋和炒饭，请一定试试。

·制作方法

1　摘掉绿辣椒的蒂，将辣椒切成 3 毫米厚的圆片。

2　把酒、酱油、日式甜料酒放入锅内，煮开。

3　把绿辣椒和小干白鱼放入锅内，中火煮到汤汁蒸发就完成了。

4　装盘，撒花椒粉后享用。

材料（4 人份）

小干白鱼……40g

绿辣椒……100g

酒……60mL

酱油……20mL

日式甜料酒……15mL

花椒粉……少许

073

回忆母亲的味道，
寒冬里的炖萝卜。

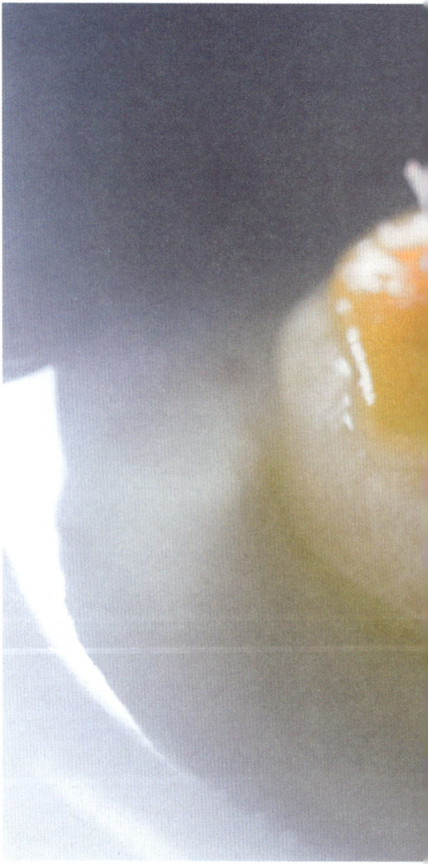

比起刚炖好的萝卜，先冷却，待汤汁浸透后重新加热更好吃。

每次吃炖萝卜，母亲总会念叨：“小心烫，慢慢吃哦。”我拼命呼哧呼哧吹气，一点点品尝，真是太好吃了。我也常任性地要求多放些甜味的白味噌酱汁，因为我很喜欢酱汁溶入热汤，喝干最后一口的快感。萝卜一口咬下去，从心底萌生的暖意流向全身，细细品味，美味绝伦。每家每户炖萝卜的方法多少有些不同，但这正是炖萝卜独有的特色，它是家庭的味道，是母亲的味道。

可以在炖萝卜上放咸甜的肉松和红味噌酱汁，或放些切碎的柚子皮做香料，总之炖萝卜的配料多种多样，我家的配料是白味噌酱汁和花鲣鱼。

·制作方法

1　将用来做高汤的海带放入水中泡发 30 分钟左右。

2　把萝卜切成 3 厘米宽，削皮，注意用力削深些。把削好皮的萝卜刮圆，然后在其正面和背面各划一个十字。

3　把切好的萝卜放在装有水的碗里泡 5 分钟左右。

4　制作味噌酱汁。在锅内倒味噌、酒、饴糖、汤汁，用小火边加热边搅拌，煮沸后关火，加蛋黄，再次搅拌均匀，酱汁就做好了。

5 炖萝卜。在锅内放萝卜和大米，炖煮 20 分钟左右，直到能刺穿萝卜。

6 把炖好的萝卜放入装有水的碗内轻轻漂洗。

7 往锅内倒入做高汤用的海带、回味汁和炖好的萝卜，再加水直到淹没萝卜，炖 30 分钟左右。

8 装盘，浇约 2 大匙的煮汤，放味噌酱汁和花鲣鱼即可享用。

材料（2 ～ 4 人份）

萝卜……1/2 根

高汤用海带……10 厘米的四方形

大米……30g

白味噌……80g

酒……1 大匙

饴糖……1.5 大匙

鲣鱼海带汤……50mL

蛋黄……1 个

花鲣鱼……适量

074

按个人喜好
搭配味噌。

常言道：有了味噌，远离医生。味噌具有抑制胆固醇、预防癌症等对身体有益的效果，作为日本的健康食品，自古以来深受人们的喜爱。对日本人来说，它不仅可以加工成家常味噌汤，也是凉菜、烧烤、炖菜、涮锅、腌渍和酱汤的配料，是我们生活中不可或缺的调味品。

有味噌勺的话，会很方便。

不同地区的味噌味道各不相同，它们的区别在于在大豆中加多少种麴[1]、盐，以及酿造周期和制作方法的不同，其中白味噌和红味噌最具代表性。你可视当天心情分开使用，也可混合几种调配自己喜欢的味噌，总之在各种尝试中找到你喜欢的口味吧。

·关于味噌

味噌本来使用大豆、种麴、盐制作而成，但根据商品的不同，也有为了保持品质添加其他东西的情况，味噌即便在室温下也几乎不会腐烂。买味噌时，尽量选标签上材料中没有添加物的。买回来一段时间后，味噌的颜色会因成熟而发生变化。成熟的味噌可用于炖菜、烧烤和炒菜，香味浓郁，特别可口。

·放入冷冻室

要怎么保存味噌呢？我推荐放在冷冻室，也许你想说那不会冻结吗？味噌富含盐分和糖分，即便放入冷冻室也不会结冰，所以请放心。保存时，可

1　酒曲。把麦子或白米蒸过，发酵后再晒干，可用来酿酒。

将两三种味噌装入一个保存容器，然后用用作高汤的海带区分隔开。

· 用味噌搭配柠檬

下面给大家介绍一款对料理有帮助的、简单好吃的味噌柠檬酱，这是一款在味噌和柠檬中加砂糖的万能调味汁。顺带说一下，味噌和柠檬是绝佳组合。

制作方法是各取 30 克白味噌、柠檬汁、甜菜糖（普通砂糖也可以）混合，融合了柠檬酸味的甜味噌特别容易上瘾，请一定试试看。

· 味噌和柠檬是绝配

味噌和柠檬可拌蒸菜、煮菜，或放在烤猪肉、烤鸡肉、烤鱼上，是非常加分的调味料。

另外，也可以在煮熟的西蓝花中加培根和大蒜，用橄榄油翻炒后浇上味噌柠檬酱汁，超级好吃。

075

要记住照烧鸡肉调味汁的黄金比例。

随着时间的流逝，调味汁会渗透，
照烧鸡肉也会变得更美味。

只需在鸡腿上轻轻涂一层低筋面粉。

快速稍微烤一下芦笋，然后放在方平底盘上。

用酱油、酒、日式甜料酒和砂糖煮出来的咸甜味的照烧鸡肉即便凉了也很好吃，推荐做便当配菜。首先，用小火慢烤鸡腿肉带皮的那侧是重点。照烧调味汁的比例是：等量的酱油、酒、日式甜料酒对应半量的砂糖。下面介绍母亲常给我做的照烧便当。

当照烧调味汁煮到只剩一半时就差不多好了，把煮沸的调味汁浇在鸡腿上，鸡腿煮到散发黏糊糊的光泽即可。此外，鸡腿也可切成薄片装盘。香味多汁的照烧鸡，是老少皆宜的美味。

·制作方法

1　去除鸡腿上的脂肪和筋，将其切成适宜食用的大小。

2　把鸡腿放在方平底盘上，加酱油和酒，放置10分钟左右调味。

3　将去皮的芦笋和葱切成约3厘米长。

4　用厨房用纸擦干调好味的鸡腿，轻轻涂一层低筋面粉，调味汁稍后再用。

5　开小火，在平底锅内涂一层色拉油，从鸡皮开始慢慢煎熟鸡腿。为避免烤焦，可偶尔晃动一下平底锅。均匀煎烤鸡皮后，用厨房用纸擦掉油，继续烤反面。

6 制作照烧调味汁。

7 均匀混合红糖、日式甜料酒及剩余的调味酱汁。

8 把芦笋放在平底锅边快速地烤一下，取出。然后放葱，加照烧调味汁，边搅拌边用小火煮干，直到鸡腿散发光泽。

9 在便当米饭上撒些海苔丝、青紫苏叶，盛上鸡腿、葱和芦笋，也可根据喜好放些辣椒丝。

材料（4 人份）

鸡腿……500g

芦笋（细的）……5 根

葱……1 根

色拉油……1 大匙

酱油……50mL

酒……50mL

日式甜料酒……50mL

红糖（上等白糖也可以）……25g

海苔丝……适量

青紫苏叶……适量

辣椒丝……适量

076

玉米饭配蘘荷和青紫苏叶。

直接吃也格外好吃，和玉米沙拉一样是家常菜。

用厨房用纸包好蘘荷，使劲拧干，控干净水。

刚煮好的热乎乎的米饭和酱油味的玉米很配。

从孩提时代至今，一到夏天，我就很期待玉米饭这道料理。每年夏天，吃第一口时都会雀跃到手舞足蹈：“对对对，就是这个味道！太好吃了！”简直就是夏日佳肴。至于做法，只需在酱油烤过的玉米里加蘘荷和青紫苏叶，非常简单。不过吃的时候，要快速搅拌米饭和放在饭上的配菜，相信尝过后你也会为之欢呼。而它之所以这么美味，是因为用了夏季玉米。这道料理的名字叫“清爽米饭”，请务必试一试。

如事先做好配菜，可在匆忙紧急时派上用场。例如，和米饭充分搅拌后做个玉米饭团，也是意外地好吃。

·制作方法

1　把玉米切成两半，切的时候可先用菜刀切一道缝，然后用手掰开。

2　蘘荷的外皮有涩味，请先将其摘掉，然后切成薄薄的圆片，放入冷水浸泡。把青紫苏叶切丝。

3　煮玉米。在较深的平底锅内放水和玉米，撒盐，盖上锅盖，用小火煮 5 分钟左右，蒸煮时可偶尔拨动一下玉米。

4 烤玉米。在平底锅内放芝麻油，调整火候的同时烤煮好的玉米。待玉米整体烤到有点焦的时候加酱油，然后再烤 3 分钟左右使其入味。

5 把烤好的玉米从平底锅内取出，冷却。将平底锅内剩余的酱油倒入碗内。

6 用厨房用纸包好在冷水中浸泡过的蘘荷，使劲拧干控水。

7 用菜刀切下冷却的玉米粒，放入装有酱油的碗内，加酒、蘘荷和青紫苏叶，搅拌均匀。

8 把做好的配菜放在盛好的饭上即可享用。

材料（4 人份）

玉米……2 根

水……100mL

盐……1/2 小匙

芝麻油……1 小匙

酱油……3 大匙

蘘荷……3 根

青紫苏叶……10 片

酒……2 小匙

077

泡好茶是待客之道。

我想泡好喝的茶，我想用饱含真心的好茶招待重要的人，那么所谓好喝的茶是怎样的茶呢?

·待客之心

以前有这样一个故事，曾是长浜城主的丰臣秀吉因猎鹰途中口渴顺道去了趟寺庙，向寺庙里的小和尚讨茶，侍童递给他一大碗凉茶，秀吉一饮而尽后又要了一杯，侍童这次在稍微小一点的碗里倒入微热的茶递给他，秀吉慢慢喝完后又要了一杯，于是侍童捧上小碗热茶，喝完三杯茶的秀吉唤来这位侍童，问他是出于什么考虑这样上茶。侍童答曰：“第一碗是为了缓解口渴之急，所以预备了大碗凉茶，方便一口气喝干。第二碗因为您不那么口渴所以预备了比第一碗稍微热一点的茶。第三碗喉咙已经完全不渴了，所以预备了好喝的热乎乎的浓茶。”

推测口渴程度，递上不同温度的茶，即观察对方，拿出对方希望的东西——被这份心意感动的秀

用心待客。

吉把这位侍童带回城里，后来侍童做了秀吉的家臣。

能让喝茶之人禁不住莞尔一笑的茶才是真正的好茶，竭尽全力接待对方，从心底表示关怀是非常重要的。

·仔细观察茶叶

尝试泡一次煎茶吧。先烧开水，沸腾后将沸水倒满茶壶，再从壶嘴倒掉开水。顺便说一下，最好选平底、上窄下宽、一只手就能拎得动的茶壶。另外，事先加热茶壶可预防茶水变凉和茶垢的附着。

将开水倒入茶杯（按人数准备）大约七分。茶杯最好选白瓷的，因为青瓷会让淡茶看上去很浓郁。

另外，不要选喝一杯就有饱腹感的大茶杯，请选适合品茶的小而精巧的杯子。

在茶壶内放茶叶，茶叶一次的使用量为 6 克，大概是咖喱汤匙 1 汤匙的样子。请轻轻投放，以免弄坏茶叶。

轻微左右晃动茶壶，将堆成小山的茶叶晃平整后，稍稍倒一点开水，淹没茶叶即可。

打开壶盖稍等一会儿，这时热气上升，壶内的茶叶开始吸收热水变膨胀，美味从叶尖缓缓绽开释放。

将茶杯里的开水全部倒入茶壶，盖上壶盖，轻斜茶壶，像摇摇篮一样将茶水注入并排摆放的茶杯。为了均衡水量和浓度，茶水在茶杯间往返时最好一点点注入。倒最后一滴时，不要摇晃茶壶，让其啪嗒啪嗒自然落下。

·三煎品尝

一般来说，煎茶三煎后品尝比较好。茶水先不要注满茶杯，注入三分之一的量后进行第二煎和第三煎。

如一口气注满茶杯，也许能节省添补的工夫，但味道会偏稀松平常，甚至喝到中途不想喝，这样反倒可惜了。比起喝一服，分三次的满足度会更高。

第一煎是醇厚浓郁的鲜味，第二煎是清爽的涩味，第三煎则是香味，通过三煎可体味三种不同味道的变化。如掌握沏茶的基本方法，即可根据对方的喜好泡出不同味道，还能品味个中差别。

泡好喝的茶，为他人着想，培养良好的人际关系。

合作方：大山拓朗（下北茶苑大山）

078

配料丰富的酒糟汤，多做些明日喝。

酒糟也有很多种，
选自己喜欢的即可。

高汤要做得比平时浓一些，
蔬菜切成方便食用的大小。

为了防止水溅出锅外，
诀窍是调节火候使其不沸腾。

搭配米饭也相当好吃。
可根据个人喜好撒点五香粉。

寒冬里，喝一碗暖和身心的配料丰富的酒糟汤如何？做法很简单，用平时的酱汤搭配酒糟和大量的蔬菜，然后一起烹煮。用大锅可以做很多，第二天当汤喝也不错。我这次用了混合味噌，但不管白味噌还是红味噌，都很不错。

另外，鲣鱼海带汤要做得比平时浓郁些。味道醇厚的话，甜味也将激增。用小火到中火慢煮，不要煮沸。

·制作方法

1　把胡萝卜切成长条，萝卜切丁，葱切成小段，鸭儿芹切成 2 厘米左右，油炸豆腐用开水过一遍后切成 5 毫米宽，魔芋也用开水烫一遍，然后切成长条状。

2　在小碗内放撕成小块的酒糟，加高汤，浸泡 20 分钟左右。当酒糟变软后用笸箩过滤，调成糊状后混合味噌。

3　中火的锅里放入高汤，胡萝卜煮 5 分钟左右后加萝卜和魔芋再煮 3 分钟左右，然后加大葱和油炸豆腐。

4　食材变软后关火，加酒糟糊，搅拌均匀。

5　装盘，放鸭儿芹即可享用。

材料（6 人份）

鲣鱼海带汤……700mL

鲣鱼海带汤（酒糟用）……200mL

胡萝卜（1/2 根）……120g

萝卜（1/2 根）……200g

大葱……1 根

鸭儿芹……1/2 根

油炸豆腐……2 片

魔芋……120g

酒糟……100g

味噌（选喜欢的味噌）……2 大匙

079

在亲子盖饭里放很多鱼糕，并用蛋黄点缀。

可根据个人喜好撒些五香粉，超级好吃哦。

请一定试试我家的简易亲子盖饭。

如不用四季葱，需稍微煮久点。

小时候母亲常给我做亲子盖饭，母亲说：“为了迎合儿童的口味，亲子盖饭的食材可用鱼糕代替鸡肉。”捣碎放在米饭上的黏糊糊的蛋黄，一口咬下去，甜咸混合，难以言喻的美味瞬间在嘴里扩散。我习惯用四季葱，当然也可以用大葱。总之，鱼糕搭配鸡蛋是我家秘传的味道。

·制作方法

1　把鱼糕切成大约 5 毫米宽的细条，葱斜切成 4 厘米左右，鸭儿芹切成 3 厘米左右。

2　把鸡蛋打在碗内，搅拌均匀后加水溶太白粉。

3　开中火，往锅里倒入高汤、日式甜料酒、酱油，煮沸后加鱼糕、葱，煮 3 分钟左右。

4　将搅拌好的鸡蛋一点点倒入沸腾的锅里，关火，利用余热凝固鸡蛋。

5　在大碗内盛饭，放上食材，正中间放一颗蛋黄就做好了。另外可撒些鸭儿芹再享用。

材料（3 人份）* 方便制作的量

鸡蛋……4 个

蛋黄……3 个（1 人 1 个）

四季葱……1/2 根（大葱也可）

鱼糕……100g

鸭儿芹……适量

太白粉……1 大匙（用等量的水溶解）

鲣鱼高汤……70mL

日式甜料酒……50mL

酱油……2 大匙

080

白芝麻豆腐拌菜是日本重要的味道，也是令我惊讶的手作美味。

可充分品尝大豆的甘甜与醇厚。

诀窍是控干净豆腐水。

一边品尝口感，一边充分搅拌。

享用美味的白芝麻豆腐拌菜时，常常感慨：啊，这真是日本重要的味道啊！这是一道值得被好好守护、被代代传承的料理。无论是菠菜、胡萝卜、魔芋、羊栖菜，还是苹果、柿子等水果，只要和白芝麻豆腐稍稍拌一下，就能做出一道美味的小菜。

·白芝麻豆腐拌菜的基本

不加蔬菜或水果直接吃的话，能充分品尝大豆浓郁的甘甜和醇厚，特别好吃。

1　将豆腐切成八等份，放入烧开水的锅内，用中火蒸煮。
2　当豆腐浮出水面，捞出放在笸箩内待其冷却。
3　冷却后，用厨房用纸包好，用卷帘卷好。如果没有卷帘，可再用厨房用纸包得厚实些。把砧板等可均匀压在豆腐上的东西放在卷起来的豆腐上，放置 2 个小时左右。
4　翻炒白芝麻，稍稍研成粗末。
5　在锅内倒酒，开火加热，充分沸腾后关火。
6　将控好水的豆腐和全部调味料放入蒜臼，搅拌到平滑，冷却 2 ~ 3 个小时。

7　可放冰箱保存，建议 1 ~ 2 天内吃完。

材料（易操作的分量）

嫩豆腐……300g（约一块）

白芝麻……1/2 大匙

糖……1 大匙

日式甜料酒……1 小匙

淡口酱油……1 小匙

盐……一小撮

酒……少许

081

入夏就会做的自制番茄汁。

西红柿是夏季最具代表性的蔬菜，而西红柿的最佳品尝期是初春到初夏这段时间。

西红柿的原产地在南美洲的高原地带安第斯山脉，据说引进日本是在 17 世纪左右，当时主要用于观赏，真正作为食物被普及是在明治时代，后来日本独自开发了新品种。

非常爽口，一下能喝很多。

* 参考文献
《传给女儿的我的味道》辰巳浜子 / 著（妇人之友社）
《传给女儿的我的味道新版》辰巳浜子 辰巳芳子 / 著（文艺春秋）
《时令温柔岁时记》矢岛文子 / 著（主妇和生活社）

西红柿大致分为“粉色系”和“红色系”两种，粉色系适合生吃，在日本很常见。红色系适合烹调、加热，在欧洲比较盛行。到底选哪种做料理，需视情况而定。

· 天然的美味成分

西红柿和海带一样，富含天然的美味成分谷氨酸，想要充分利用该成分，可考虑做西红柿汤，西方国家之所以常用西红柿做料理和酱汁也是出于这个原因。虽然西红柿富含美味成分，但需加热食用，否则很难品尝出原来的味道。如直接啃咬或做沙拉，最好稍微冷却下。调味时撒些岩盐，西红柿的甜味才会立即散发出来。

· 每天都想喝的番茄汁

为了更好地品尝当季西红柿，我翻找了很多食谱，最后邂逅了辰巳浜子于 1969 年出版的《传给女儿的我的味道》（妇人之友社），内文有介绍手作番茄汁，激起了我一定要做做看的欲望。

加热后甜味激增的西红柿搭配清香蔬菜榨出的果汁堪称绝品。炎热的季节想要预防倦怠，可代替水饮用这款果汁。下面就来介绍能轻松挑战的番茄汁食谱。

1　把西红柿放入锅内，轻轻压碎。

2　加其他所有材料，用小火煮 10 分钟左右，直至西红柿变软。

3　用抹布或笸箩过滤，冷却。

4　根据个人喜好加香芹和柠檬汁就做好了。

小火煮是重点，否则西红柿的鲜香味会流失。

身体不适时，也可加热番茄汁当汤喝。建议在西红柿丰收实惠的时候多采购些，请一定试试哦。

材料

西红柿……1kg（中个 5 ~ 6 个）

水……3 杯

香芹……半根

洋葱……1/2 个（中个）

大蒜……1 瓣

粒状胡椒……5 ~ 6 颗

月桂叶……1 片

盐、糖……各 1 小匙

082

区分使用白葱段和绿葱段，来品尝美味的烤葱吧。

用绿葱段做汤，甜味十足，回味无穷。

切成方便食用的大小，尝尝它的甜鲜味吧。

大葱的根部容易残留泥土污垢，请轻轻掰开葱叶，淋水清洗。大葱中含有果冻状的黏性物质，这是美味成分，不要冲洗掉。另外，容易扔掉的绿葱段含有胡萝卜素和钙等诸多营养素，也请好好清洗。做蔬菜汤时，放一些绿葱段能让汤汁变得很美味。

· 大葱的味道

大葱加热后会变甜，葱芯黏糊糊的，入口多汁。生吃有辣味，但这一辛辣成分具有暖身的效果。另外，大葱香味独特，这是由硫化丙烯成分引起的，可调节人体肠内环境，增强抵抗力，预防感冒，可以说是最适合寒冬食用的蔬菜。

· **烤葱**

这是一种能融合大葱甜味和口感的美味吃法。

1 洗净大葱，轻轻擦干水，切成 2 ~ 3 厘米小段。

2 在平底锅内倒色拉油，放入大葱。

3 小火边烤边慢慢加热 10 分钟左右，装盘。

083

煮荷包蛋的秘诀是，一圈圈地搅拌热水。

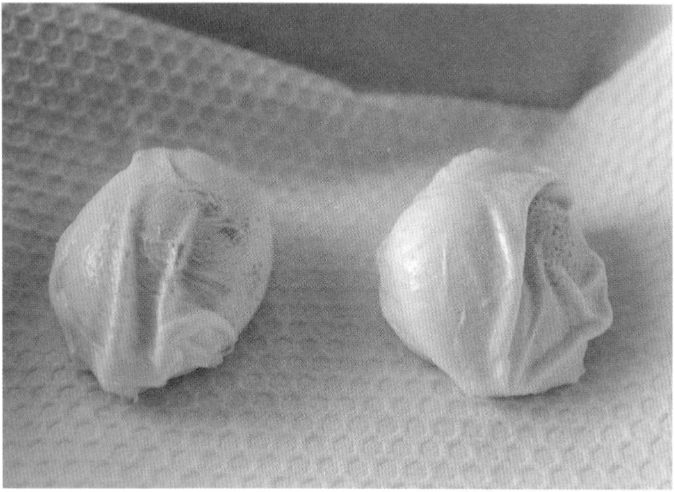

请选刚从冰箱拿出来的冷鸡蛋煮荷包蛋，
这是非常重要的窍门。

剥开黏糊糊的半熟蛋黄，品尝煮荷包蛋的美味。
这是道让家常菜变得更好吃的小菜。

虽然很多人认为煮荷包蛋很难，但其实只要掌握窍门就能轻松搞定。平时勤加练习，多做几次就可以熟能生巧。记住千万不要烧开水，为了防止锅底粘上蛋白，需时不时搅拌一下热水，只要保证做到这两点，就基本没问题了。

吃煮荷包蛋不用剥壳，比水煮蛋更省时间，大家要不要试着做做看呢？煮荷包蛋还能搭配咖喱和炖菜等西式料理，有这道小菜的话，能让平时的饭菜变得更美味哦。

· 制作方法

1　把鸡蛋打到碗里，请事先准备装有水（适量即可）的碗。

2　在锅内倒一升水，煮沸后调成小火，加 7 克盐和 30 毫升醋。为了不让水烧开，调整火候，维持在 80 摄氏度左右。

3　一边用勺子搅拌热水，一边一个个慢慢地把鸡蛋放入锅内。时不时用勺子轻轻搅拌热水，这时即便蛋白有点破损也没关系。

4　约 2 分钟后，用勺子捞起鸡蛋，用手指摸一摸，如果硬度正好，就把鸡蛋转移到装有水的碗里。喜欢偏硬口感的可多煮 1 分钟。

5　用手掌托起鸡蛋，用汤匙弄掉多余的蛋白，然后把鸡蛋放在厨房用纸上。

6　在餐盘上铺好芝麻菜，放上削好的格吕耶尔干酪，再放上煮尚包蛋。

7　根据喜好适量撒些橄榄油、醋、盐、黑胡椒，日常沙拉顿时妙不可言。

084

别错过报春的应季油菜。

满嘴都是甜味和柔软的苦味。

油菜是宣告春天到来的蔬菜之一，当菜铺开始一排排陈列油菜，心情一下变得春意盎然。

耳熟能详的“油菜花”是油菜科植物开出来的小花，而为我们餐桌增添色彩的是改良后适宜食用的“油菜”。虽然它们成为食物的历史不长，但我希望和你们一起享受这短暂时光里孕育出的鲜嫩美味。

·基本清洗法

油菜叶的内侧特别容易堆积灰尘等污垢，需在装满水的碗里甩洗，但在水里泡太久的话，香甜味会流失，所以请在短时间内快速洗净。想要利落地洗掉污垢，可轻轻掰开根部，打开水龙头由上而下冲洗。

·油菜的味道

油菜的口感很水灵，伴随一种独特的微微的苦涩，加热后菜茎和花蕾会变软。因春季环境多变，人体容易疲劳，而春季蔬菜富含的苦涩成分可排除人体体内的废物，请务必多摄取些。

· **煮完油菜后冷却**

所谓煮完冷却，是指将煮好的食材放在笸箩里冷却，这是一种保留食材营养和美味的古老烹饪法。

1 在锅里放盐和水，煮沸。

2 放油菜，中火煮 30 秒左右。

3 用长筷子夹出油菜，一根根摆放在笸箩里，沥干水。注意摆放时要在油菜和油菜间空出一小段间隔。

4 控水冷却后装盘。

085

自己做肉末，
味道与众不同。

肉末料理向来是老少皆宜的食物，如汉堡牛肉饼、烧卖、麻婆豆腐、肉丸子、日式肉臊等。想做出好吃的肉末，请尝试亲手做吧，吃多少做多少，完全不浪费，手作的味道更是惊喜连连，要知道没有比双手更好用的道具，请一定试试吧。

用手作肉末做出来的日式肉臊真是绝品。

· **肉末要这样切**

猪肉末是最好用的食材，首先将猪五花肉或里脊肉纵向切成细条薄片，横向摆放，然后再从边缘将其切成细丝。如果之前冷冻过，切起来更省事。

· **接下来只需拍打**

把切成细丝的肉放在砧板上用菜刀拍打，打完即便有些参差不齐也不会影响它的美味。并且，用手作肉末做日式肉臊然后放入便当，真的好吃到令人雀跃不已。

· **日式肉臊的做法**

猪肉末 300 克（易操作的分量）混合 3 大匙酱油、1 大匙酒、2 大匙糖、1 大匙姜汁，开中火在锅内翻炒，直到汤汁都收干就做好了。也许你会觉得 300 克很多，但炒完就没多少了。

肉臊冷藏可保存五天，冷冻可保存一个月，但最好把肉臊分成小份再冷冻。

086

小块清洗西蓝花，
防止营养流失，一定要烘烤。

选花蕾紧实、切口鲜嫩的西蓝花吧。

尽量不要调味，品尝原味的西蓝花吧。

西蓝花的花蕾和茎与茎之间常常会残留污垢和灰尘，想要洗净这些细小的地方，建议把西蓝花切成小块清洗。因为如果不切开直接冲洗，里面的污垢会很难彻底冲掉。首先在碗内装适量的水，手拿茎部在水中轻轻甩洗 30 秒，然后沥干水。烹调前清洗还能保持其新鲜度。

· 西蓝花的味道

西蓝花口感甘甜，花蕾柔软，茎部香脆，富含维生素 C，可护肤及预防感冒。维生素 C 因耐热性弱，缩短加热时间可减少对营养素的损伤。另外，与花蕾一样，西蓝花的叶子和茎也有类似营养，可整棵食用。

下面介绍不让西蓝花流失甜味和营养的美味做法。

· **烘烤西蓝花**

不用煮而用烘烤的方法保留西蓝花的营养素。

1　把西蓝花切成适宜食用的大小，切掉外侧坚硬的部分，切开菜心。将切好的西蓝花摆放在锅内，均匀地撒上盐。

2　按顺序将芝麻油和水倒入锅中央。

3　盖上大小合适的锅盖，大火加热 4 分钟。注意加热期间不要打开锅盖。

4　关火，冷却 2 分半钟揭开锅盖装盘。

材料（2 人份）

西蓝花……1 棵

盐……一小撮

芝麻油……少许

水……1 大匙

087

推荐意式热巧克力
做奖赏点心。

热巧克力做点心怎么样呢？推荐一款用玉米淀粉勾芡的意式热巧克力。

用肉桂粉和薄荷代替生姜也很好喝哦。

· **热巧克力的制作基本**

1 虽然很简单，但还是请认真制作吧。生姜能暖和身体，很适合奖励辛劳疲倦的人。

2 在砧板上铺一张纸，切碎巧克力。

3 小火加热牛奶，放巧克力，搅拌均匀。

4 用少量的牛奶溶化玉米淀粉。

5 关火，加玉米淀粉、可可粉和砂糖，搅拌均匀。

6 再次小火加热，当巧克力变得黏稠时加一小撮刮掉皮的生姜。

7 用茶漏子过滤倒入茶杯就做好了。

* 之所以在砧板上铺一张纸，是因为这样既不会弄脏砧板，又方便把巧克力倒入锅内。

* 注意不要把牛奶煮开。

材料（2人份）

巧克力……80g

＊巧克力的可可含量最好是70%左右。

牛奶……300mL

砂糖……1大匙

玉米淀粉……1大匙

可可粉……2小匙

生姜……少许

088

制作草莓果酱，如同写一封信。

可以用上等白糖代替细砂糖，但从光泽和美味来说，我更推荐细砂糖。

想表达感激之情时，想给那个人送礼物时，想鼓励沮丧的朋友时，料理是一种非常棒的选择，而且做料理的当下，你一定会想念某个人吧。

果酱非常合适做礼物，请像写信一样制作谁都会做的简约草莓果酱吧。

· 制作方法

1 不用洗草莓，先去蒂，放入碗内，涂满细砂糖，用手轻轻搅拌后放置一晚。

2 次日，将草莓分泌出来的水分和草莓一起倒入大锅内，大火烧开。这时水分看上去有点少，但加热后水分会变多。

3 煮沸后把火候调至中火，小心舀掉浮在表面的泡沫，同时注意调节火候，防止溢出。

4 煮约 40 分钟后，小泡沫会变成大泡沫，由于草莓很软，用铲子稍稍摁压几下即可，当然摁压的程度看个人喜好。

5 当黏糊糊的大泡沫升起时关火，这时的果酱光泽亮丽。注意即便果酱很稀薄，但冷却后会凝固，所以煮的时候别煮过头。

6 事先准备好保存瓶，趁果酱还没冷却小心装瓶，盖上瓶盖，然后将瓶子倒立放置冷却，驱除空气。注意保存瓶要事先倒热水消毒。

材料（易操作的分量）

草莓……700g

细砂糖……350g

089

每天早晨喝一杯
健康的奇亚籽布丁。

蜂蜜味的奇亚籽布丁做好啦。
推荐搭配草莓、香蕉、菠萝。

奇亚籽是紫苏科薄荷类的一种。
富含食物纤维、氨基酸和 α 亚麻酸。

奇亚籽吸收椰奶中的水分，变成黏稠的凝胶状。

你知道奇亚籽布丁吗？它富含食物纤维，超级营养，是一款混合奇亚籽和牛奶的简单甜点。经多次试验，我终于发现了椰奶、豆浆和蜂蜜是制作这一美味的神秘配方。另外，你还可根据个人喜好添加切开的水果、格兰诺拉、坚果等配料。

下方介绍的奇亚籽布丁是大约一周的量，每天早晨喝一杯，健康永相随。

· 制作方法

1 将椰奶倒入锅内，加豆浆、蜂蜜，小火加热，使其溶解。

2 把奇亚籽倒入大号密封容器。

3 把椰奶注入奇亚籽，请充分搅拌，防止奇亚籽结块。

4 用橡胶铲搅拌均匀，避免容器底部的奇亚籽结块。

5 在冰箱冷藏 24 个小时左右。

6 装盘，请根据个人喜好搭配蓝莓和薄荷一起享用。

7 做好的奇亚籽布丁可在冰箱冷藏保存一周左右。

材料（易操作的分量）

奇亚籽……5 大匙

椰奶……400mL

豆浆……350mL

蜂蜜……60g

蓝莓……适量

薄荷……适量

090

手作酥皮水果蛋糕，享受英式下午茶。

这次我用了黄杏，如换作煮苹果、草莓、蔓越莓、蓝莓也一样好吃。

用切成小块的无盐黄油做酥皮。

把面糊倒入模具，
铺上 1 厘米厚的酥皮后烘烤。

烤好后放置半天，待冷却再切开。

请泡壶好喝的红茶，一起搭配品尝吧。
这是伦敦的午后甜点。

* 参考文献
《英国下午茶 & 点心》小关由美、小泽祐子著（讲谈社）
《英国家庭点心诱人的美味红茶和甜香的黄油》宫崎美绘著（画报社）

去伦敦旅行时在一家小酒店度过下午茶时间，酒店招待了一款水果丰富的酥脆蛋糕给我，那份美味至今难忘。蛋糕和浓郁的红茶非常般配，重点在于融入了杏的味道。品尝后我无论如何都想亲手做做看，但配方不同，口味也不同，对照英国料理书上的食谱我做了很多尝试，庆幸的是，后来我终于找回了那天的味道。

· **制作方法**

1 做酥皮。把冷却的无盐黄油切成1厘米大小的方块。将低筋面粉、红糖、肉桂粉放入碗中，搅拌后加黄油，用叉子捣碎黄油，搅拌成糜状。待食材变得干巴巴，放入冰箱冷藏直到拿出来烘烤。

2 做面糊。把恢复至室温的无盐黄油放入碗内，用铲子搅拌成奶油状，加上等白糖和盐，再次搅拌到质地变得光滑。

3 打匀恢复至室温的鸡蛋，分四次倒入面糊，每次都要搅拌均匀。

4 混合低筋面粉和发酵粉，然后将筛过的粉末分三次加入面糊，用铲子切割搅拌，最后加牛奶搅拌均匀。

5　在蛋糕形状的模具（底部尺寸为 15 厘米 ×15 厘米）内侧涂上黄油，倒入面糊。摆放黄杏，再在面糊和黄杏上铺满冷藏的酥皮。

6　用 180 摄氏度烤 30 分钟，再用 170 摄氏度烤 30 分钟就做好了。待余热散去，从模具中取出蛋糕放冰箱冷藏半天后切开享用。

材料（易操作的分量）

无盐黄油……100g

上等白糖……100g

鸡蛋……2 个

低筋面粉……100g

发酵粉……2g

盐……一小撮

牛奶……2 大匙

杏（糖浆腌制）……16 块

* 酥皮材料

无盐黄油……50g

低筋面粉……100g

红糖……50g

肉桂粉……1.5g

091

材料和步骤都很简约的
美味黄油面包干。

用炼乳和黄油就能烤出
如此好吃漂亮的面包干。

孩提时我很喜欢面包干，之前都是从面包店买来吃，但有一天在朋友家吃到一款手作面包干，好吃到令人惊叹。回家后我马上央求母亲给我做手作面包干。

过了很久后的一天，母亲用长棍面包给我做了手作面包干，后来我才知道原来母亲利用繁忙的工作之余，跑去向我朋友的母亲讨教了制作方法，面对如此体贴的母亲，我满怀歉意。我至今仍忘不了那面包干的美味，对我而言，涂过甜炼乳和黄油酱的面包干是最好吃的面包干。

无论用什么面包都可以制作面包干，推荐把这甜味质朴的美味黄油面包干送给孩子做点心。

· 制作方法

1　把长棍面包切成 5 ~ 7 毫米薄片。

2　把切好的面包摆放在烤箱托盘上，用已预热的烤箱以 150 摄氏度烤 10 分钟左右。

3　做酱糊。在小平底锅内放黄油和炼乳，小火加热搅拌。

4　给烤好的面包单面涂刷酱糊，然后将面包摆放在烤箱托盘上。

5　烤面包干。

用已预热的 150 摄氏度烤箱烤 15 分钟左右，当面包表面呈焦糖色就做好了。待其充分冷却后再品尝吧。

材料（易操作的分量）

长棍面包……1 根

含盐黄油……50g

炼乳……60g

092

保留节目之一，
鹰嘴豆糊 / 鹰嘴豆泥酱。

富含食物纤维的鹰嘴豆不仅营养丰富，
卡路里和脂质也偏低，很受欢迎。

推荐富含异黄酮的鹰嘴豆做女性健康食品。

在很多蔬菜爱好者中，鹰嘴豆泥酱的人气很高，现在更是作为健康食品广为人知。鹰嘴豆泥酱其实是煮熟的鹰嘴豆奶油糊，其中小茴香的香味能促进食欲，加上鹰嘴豆十足的鲜味，特别好吃。你可以把它涂在面包上，也可以蘸蔬菜吃，当然直接吃味道也不错。

备齐材料后，用食品处理器搅拌即可轻松完成，请一定试试。另外，糊状的食物适合做护理食品，推荐老年人也吃吃看。

· **制作方法**

1　把水煮过的鹰嘴豆用水稍微冲洗下，沥干水分。

2　将大蒜、小茴香、芝麻酱放入食品处理器搅拌 2 分钟，中途用铲子搅拌 3 次左右。

3　加鹰嘴豆、橄榄油、盐、黑胡椒、柠檬汁，搅拌 3 分钟左右，中途同样用铲子搅拌 3 次左右。尝尝味道，如果淡再加点盐。

4　最后加酸奶，全部搅拌均匀后就做好了。

5　鹰嘴豆泥酱很容易黏在汤匙上，可事先用保鲜膜包裹汤匙再装盘。装盘后，在正中央做个洼陷，往里面倒橄榄油（适量即可），撒黑胡椒，配上蔬菜和面包即可享用。

材料（易操作的分量）

鹰嘴豆（水煮罐头）……250g

大蒜（小）……1/2 瓣

小茴香籽……1g

芝麻酱……50g

橄榄油……50g

盐……0.5g

黑胡椒……少许

柠檬汁……6g

老酸奶（无糖）……40g

093

今天的晚餐，
来点斯特罗加诺夫牛肉吧。

搭配米饭并浇上热乎乎的酱汁吧。
用鸡肉、猪肉、虾等肉类也可以做。

除了蘑菇，
也可以放洋葱，味道依旧好吃。

西式咸菜小黄瓜的味道是重点。

虽然浇番茄酱和炖煮酱汁味道也挺不错，但浇加了柠檬汁的酸味奶油才是正宗的味道。

牛肉、蔬菜和酸味奶油炖制而成的斯特罗加诺夫牛肉，是俄罗斯贵族斯特罗加诺夫家的秘传料理，流传至今。虽然众说纷纭，但我听到的版本是因年事已高嚼不动硬食物的斯特罗加诺夫家的主人为了吃上最喜欢的牛肉，把切下来的牛肉煮软后发明的这道菜。具体说来，就是把牛肉切成适宜食用的大小，用黄油炒一下，然后加酸味奶油，不过我个人更喜欢放大量蘑菇。

总之，俄罗斯家庭料理斯特罗加诺夫牛肉真的很简单。

· 制作方法

1 蘑菇去蒂，用水快速清洗，擦干净水后纵向切成 5 毫米厚的薄片。

2 把咸菜小黄瓜切成小块。

3 开中火，平底锅内融化黄油，放牛肉轻轻翻炒，加蘑菇，充分加热。

4 把火调小继续煮，当从蘑菇中分泌出来的水分变少时，加咸菜小黄瓜，继续翻炒。

5 加酸味奶油，快速搅拌，使其均匀。

6 用盐、黑胡椒调味（一小撮左右），加柠檬汁。

请把做好的牛肉盛在装有米饭的餐具里享用。

材料（4人份）

牛肉（切下来的）……300g

白蘑菇……160g

西式咸菜小黄瓜……50g

无盐黄油……30g

酸味奶油……150g

盐……适量

黑胡椒……适量

柠檬汁……10g

094

旅途的味道
——恺撒沙拉。

请精准计量做调味汁的材料。

罗马生菜的叶子里很容易残留污垢，请仔细擦干净。

请准备一个大碗装恺撒沙拉。

可根据个人喜好加烤鸡、培根、火腿、三文鱼等，请尽情享用。

说起外国沙拉，我立马想到的就是恺撒沙拉，而且我非常喜欢恺撒沙拉，只要出国旅行，就会点这道菜。不可思议的是，欧美国家无论什么样的餐厅，菜单上都会有恺撒沙拉，可见它的受欢迎程度。于我而言，恺撒沙拉是那日那时旅途的味道。

既然是自己喜欢的料理，我自然是要尝试做做看的。迄今为止，我跟着各式各样的菜谱试做了很多次，终于找到了喜欢的口味。下面就为大家介绍好不容易才摸索出来的调味汁做法，这是旅途中尝到的绝色美味，请一定试试看。

·制作方法

1　擦干净罗马生菜的污垢和水分，切成适宜食用的大小。

2　将凤尾鱼切碎，挤上柠檬汁。

3　在大碗里放蛋黄酱、橄榄油、凤尾鱼、法式芥末、柠檬汁、伍斯特辣酱油、鲜奶油、黑胡椒、帕尔玛干酪，搅拌均匀。

4　研碎大蒜和柠檬皮，放入大碗，再次搅拌均匀。

5　将 2/3 的罗马生菜放入碗内，充分搅拌后再放油煎碎面包片和剩余的罗马生菜，搅拌。

6　装盘，撒些磨碎的帕尔玛干酪（非必需，适量即可）。

材料（2 人份）

罗马生菜……300g

油煎碎面包片……50g

* 调味汁的材料

蛋黄酱……70g

橄榄油……50mL

凤尾鱼……15g

法式芥末……5g

柠檬汁（1/2 个）……15g

伍斯特辣酱油……5g

鲜奶油……15mL

黑胡椒……适量

帕尔玛干酪（研碎）……30g

大蒜……4g

柠檬皮……适量

095

凤尾鱼和大蒜是
菜花沙拉的关键。

加荷兰芹，快速搅拌，色彩鲜艳的混合沙拉就做好了。

请根据个人喜好调节菜花的煎烤度。
直接吃烤菜花也很美味呢。

把酱汁涂在碗内，充分混合。

口感松软的菜花其实很好吃，既可以煮、烤，又可以做成浓汤，是冬天餐桌上非常多变又万能的蔬菜。有天我看了本外国料理书，发现可以用菜花做美味的混合沙拉，于是我马上模仿着做了做，口感非常惊艳，而它的关键在于凤尾鱼和大蒜酱汁，而且我在原书推荐的制作方法上有其他新发现——切碎的大蒜调成糊状再加盐可消除大蒜不讨喜的臭味，再搭配凤尾鱼，味道的平衡堪称绝品。

这是一道简单的料理，只需在微微烤焦的菜花上加凤尾鱼和大蒜酱汁。如有手作油煎碎面包片，口感将更上一层楼。

· **制作方法**

1　做蒜泥。切碎大蒜，用刀腹压碎直至变成糊状，加1克盐，充分搅拌。

2　接下来做凤尾鱼泥。将凤尾鱼切成细丝，和做蒜泥一样，用刀腹压碎直至变成糊状。把意大利芹切成碎末。

3　混合蒜泥、凤尾鱼泥、15克橄榄油、辣椒粉，再加柠檬皮调制成酱汁。

4　切掉菜花的茎部，切成1.5厘米宽的薄片，再切成适宜食用的大小，放入碗内。混合50克橄榄油、1.5 克盐、黑胡椒。

5 把烤箱调到 220 摄氏度，将菜花放在铺有烹调纸的烤箱托盘上，烤 20 分钟左右。

6 将酱汁均匀地涂在大碗内侧，放入烤好的菜花，搅拌均匀。

7 加油煎碎面包片和意大利芹，快速搅拌，装盘。

材料（2 人份）

菜花……1 棵

大蒜……1 瓣

凤尾鱼……12g

橄榄油……15g+50g

辣椒粉……两撮

意大利芹（切碎）……3g

油煎碎面包片……30g（把撕碎的法国面包放入烤箱中以 180 摄氏度烤 40 分钟，使其变得酥脆。）

盐……1g+1.5g

黑胡椒……0.5g

柠檬皮（削掉最外面带颜色的皮后所剩的内皮）……3g

096

营养满分、色彩鲜艳的 POPEYE 咖喱。

在印度料理店吃到的菠菜咖喱真是太好吃了，于是我琢磨什么时候做一次。这款咖喱不用黄油和肉，只需慢炒洋葱直到变成茶色。因为我想增加些有口感的东西，所以加了土豆，而这就是让你流连忘返的 POPEYE 咖喱。

味道甘甜浓郁的速冻菠菜和咖喱真的很搭，营养满分。

· 制作方法

1　将洋葱、大蒜切成碎末。生姜切丝，预留出 10 克，其余放入水里，预留出的 10 克切成碎末。把土豆和西红柿（去籽）切成小块，洗净菠菜，切掉茎部，然后大致切成几段。

2　在锅内倒两升水，煮沸后加小苏打和盐各一小匙（两者皆适量即可），加菠菜煮 1 分钟左右。把菠菜放入笸箩，一定要用水快速冲洗，然后在冷水中浸泡一小会儿。因为加了小苏打，菠

滴上鲜奶油也很好吃。
即便只放蔬菜也很好吃的菠菜咖喱。

风味十足、甜味饱满的速冻菠菜是冬日佳肴。
即便用了一整棵，煮完后也会缩成一小撮。

菜的颜色会变得很漂亮，而且煮完特别柔软。

3 将煮好的菠菜和切成3厘米左右、没有控水的香菜放入食物处理器或搅拌机打成糊状。

4 在大锅内倒色拉油，快速翻炒大蒜，加洋葱，炒至变软，然后加切碎的生姜，小火慢炒直至全部变成茶色。

5 加土豆，再加西红柿，搅拌均匀。放月桂叶等全部香料，加水，用小火炒煮到土豆变软，但注意别烟掉。

6 加菠菜泥，快速搅拌后加盐、砂糖调味就做好了。注意不要煮太烂。

7 把咖喱倒在盛有米饭的盘子里，放上姜丝。

材料（4人份）

速冻菠菜……300g（普通菠菜也可以）

洋葱……300g

土豆……1个

西红柿……1个

大蒜……20g

生姜……30g

香菜……1把

色拉油……40g

水……300mL

盐……7g

砂糖……10g

* 调味料

月桂叶……1 片

肉桂粉……2g

咖喱粉……4g

三味香辛料……3g

茴香籽粉……3g

香菜粉……3g

辣椒粉……0.5g

097

喝大蒜汤
治疗感冒。

用烤过的长条面包代替油
煎碎面包片轻放在汤里。

听说很久以前西班牙有种名叫“sopa de ajo”的美味大蒜汤，数年后，我如愿以偿在巴塞罗那喝到了这道汤，虽然很浓，但还算清爽，令我难以忘怀。

据说在西班牙如果感冒了就喝“sopa de ajo”，可以增强抵抗力。大致做法是把咖喱粉熬制的大蒜放入精华浓缩汤里，再加蛋黄。一口喝下去真是精神百倍，请一定试试。

· 制作方法

1 用手掰开大蒜，一个个剥下，不用去皮，直接放入热水煮 2 分钟左右。

2 将煮过的大蒜转移到装满水的大碗里，用菜刀从茎部开始剥皮。

3 用刀腹压碎豆蔻，从壳中取出豆荚。用手指把红辣椒捏成两半，取出辣椒籽。

4 在锅内放水、大蒜、豆蔻（壳和豆荚）、月桂叶、红辣椒、盐、黑胡椒、咖喱粉，小火慢炖 30 分钟左右。

5 用笸箩过滤煮好的汤，盛入碗内。单独捞出大蒜，扔掉香料，把大蒜放入其他笸箩，用铲子碾碎，再将蒜泥放回汤里。

6 在大碗里放蛋黄，滴几滴色拉油，用打蛋器把蛋黄搅拌成蛋黄酱状，然后把所有汤倒入蛋黄，快速搅拌。这时，汤应该偏温热。

7 烘烤切成薄片的长条面包。

8 为避免汤沸腾，用文火加热后倒入容器，放 2 片面包浮在汤上，撒些切碎的荷兰芹。

材料（4 人份）

大蒜……12 瓣

蛋黄……2 个

色拉油……3 大匙

豆蔻……1 粒

红辣椒……1/2 根

月桂叶……2 片

盐……8g

黑胡椒……0.5g

咖喱粉……3g

水……3.5 杯

长条面包……1/4 根

荷兰芹（切碎）……1 大匙

098

炎热的夏日，
来点法国南部的橄榄酱吧。

在法国南部普罗旺斯旅行时，我去了家古老的石造民居餐厅，初次品尝了橄榄酱。橄榄酱是以橄榄和凤尾鱼为基础制作出来的糊状酱汁，可以和黄油一样涂在切片的长条面包上吃。在炎热的夏日，那恰到好处的美味令人目瞪口呆。

我们可以用橄榄酱做意面酱汁、烤肉和烤鱼酱汁，也可以做沙拉，总之它是非常方便的万能酱汁。这次给大家介绍既可以做小菜也可以当下酒菜的精致章鱼西蓝花拌橄榄酱，请一定试试。

食材可以是冰箱里剩余的蔬菜，也可自由搭配。
法国南部的经典做法是加土豆。

好吃的橄榄酱就做好了。
把它放入冰箱冷藏吧。

· 制作方法

1　预留约 15 粒黑橄榄。把黑橄榄、马槟榔、去了皮的大蒜、凤尾鱼、柠檬汁放入食物处理器，搅拌 1 分钟左右。刚开始要充分搅拌，后面慢慢加橄榄油，反复操作。

2　搅拌一次后，放入预留出的黑橄榄，再反复搅拌几次，直至后加入的黑橄榄变成粗末，这样橄榄酱就做好了。分出 80 克的橄榄酱汁，用来蘸面包吃。

3　把削了皮的土豆切成 1.5 厘米的小块，西蓝花切成适宜食用的大小。将土豆和西蓝花放入热水烹煮，同时放两撮盐。

4　把章鱼和红辣椒切成小块。调整食材，切成相同大小。

5　把橄榄酱放入碗内，加西蓝花、土豆、章鱼、红辣椒，搅拌均匀，再加橄榄油，继续搅拌。

6　放入冰箱冷藏，待味道沉淀后享用。就这样直接搭配面包和意面也很不错哦，敬请期待。

材料（4 人份）

黑橄榄（去籽）……100g

马槟榔……25g

大蒜……8g

凤尾鱼……40g

柠檬汁……20g

橄榄油……50g

* 食材材料

土豆……120g（1 个）

西蓝花……200g

章鱼……180g

红辣椒……70g

橄榄油……40g

099

无论去哪个国家，
首先都要找好吃的早餐。

早餐，简约就好。

旅行的乐趣在于当地的特色早餐。

平时早起的我会在旅途中起得更早，奔赴街头，寻找美味的早餐。

在国外，很多店为了卖早餐会从 7 点开始营业，中国台湾有些人气早餐店甚至在凌晨 4 点开店，8 点左右售罄关门歇业(这种店的早餐不可能不好吃)。

为了吃到美味的早餐，我喜欢在寂静的清晨漫步大街小巷。走近点着微光的店铺，推开门，料理的香料味混合泡好的热气腾腾的咖啡味，汇聚成难以言喻的清香扑鼻而来，环顾店内，充满活力。

中国广州有种叫饮茶的早餐文化，特别是休息日的清晨，喝着普洱茶，和家人朋友一起享用一碟一碟的早餐，愉快地聊天，悠闲地度过时光，非常别具一格。

在美国，煎鸡蛋卷和煎鸡蛋等鸡蛋料理是测试一家店好不好吃的标准，而且煎鸡蛋要点只煎一面的那种，如果这个能做得很绝妙，那其他饭菜肯定也是满分。

位于纽约上西区的“Barney Greengrass”是家烟熏鱼做得超级美味的犹太熟食店，我很喜欢这家店的早餐，已经吃了好几年。无论是烟熏三文鱼、百吉饼，还是烟熏鱼或放满洋葱的炒蛋，都特别好吃，是我最爱的纽约早餐之一。

在 Barney Greengrass 的附近，有家名叫“Good Enough to Eat”的餐厅，这家餐厅的女老板在四季酒店做过主厨。想吃烤薄饼和华夫饼等美式早餐时，我会去这家。他们的草莓黄油招牌薄煎饼超级好吃，当然，加了香草的煎鸡蛋卷和煎单面的煎鸡蛋也很完美。

那么，如何寻找好吃的早餐店呢？虽然查旅行指南是条不错的途径，但最好的方式还是向当地人打听。如发现可能对早餐讲究的人（虽然不是一定，但这类人的穿衣打扮往往偏知性且精简时髦），你问“除酒店以外，你最喜欢的纽约早餐店在哪儿？”时，三人必有一人会亲切地告诉你。

到达目的地后马上找到好吃的早餐店，是我享受旅行的秘诀。

100

自己做地图，旅行是冒险。

听到“旅行”这个词，我一定会想起一幅画。

那便是小时候随身携带且沉迷阅读的《艾尔玛历险记》中橘岛和动物岛的地图。

打开封面，扉页有张地图，动物岛被一条巨大的河流一分为二，两座岛之间有鲸鱼在打呼噜睡觉。

地图色彩鲜艳，小小的文字记载着艾尔玛遇到的动物和景色。

我几乎忘却了时间，专心致志地凝视着这张地图，在为艾尔玛的冒险之旅兴奋不已的同时思绪万千。于是，我希望有一天自己也能像艾尔玛一样，踏上名为“冒险”的旅程。

艾尔玛的梦想是在空中飞翔，有一天，他从野猫那里听说了被捕捉到动物岛的可怜小龙的故事，他盘算着如果能救出小龙，那自己就能骑在龙背上自由自在地飞翔，于是艾尔玛独自开启了动物岛之旅。

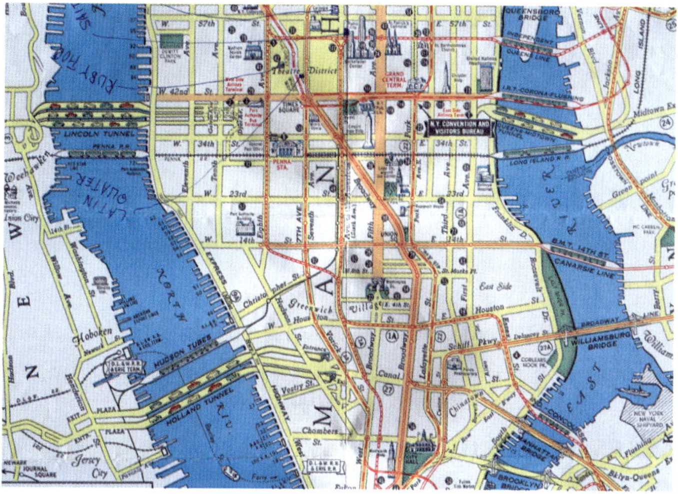
QUEENSBORO BRIDGE
W. 57th St.
E. 57th St.
RUBY FOO
Theatre District
W. 42nd St.
GRAND CENTRAL TERM.
N.Y. CONVENTION AND VISITORS BUREAU
LINCOLN TUNNEL
PENNA R.R.
W. 34th St.
E. 34th St.
PENNA STA.
LONG ISLAND R.R.
LATIN QUATER
Weehawken
Union City
W. 23rd St.
23rd
W. 14th St.
14th St.
B.M.T. 14TH ST.
CANARSIE LINE
NORTH
Greenwich
Village
East Side
Houston St.
Hoboken
HUDSON TUBES
HOLLAND TUNNEL
Canal St.
Broadway
WILLIAMSBURG BRIDGE
EAST
Chinatown
Vestry St.
Chambers St.
NEW YORK NAVAL SHIPYARD
MANHATTAN BRIDGE
BROOKLYN BRIDGE
Jersey City
JOURNAL SQUARE

走、看、听，是我旅行的基本。

《艾尔玛历险记》是我有生以来阅读的第一本旅行书，即便是长大成人后的今天，它也是我对旅行憧憬的原点。

迄今为止，我一个人去过纽约、旧金山、巴黎、伦敦、中国台湾等各地大小城市，而我之所以执着行走，是因为我想把自己和艾尔玛重叠在一起。

旅行的下一站，常常是没去过的地方，目的在于亲眼见证、体验那里有什么。然后给自己行走过的地方亲自手绘地图，记录那里有什么、邂逅了怎样的人、发生了什么事。没错，就像橘岛和动物岛的地图一样。

我画的第一张地图是旧金山的电报山，其实我根本分不清方向，但我画下了每天抱着一种冒险的心态，在街上四处奔走时的所见所闻，这份地图令生活在当地的许多人惊叹不已（我已记不清给多少人复印过了），它至今仍是我的瑰宝。

后来我还花费两个月完成了另一部杰作：一个个记录当时纽约曼哈顿约 200 家旧书店的所在地（这部作品后来还曾一度成为热门话题）。

对自己而言旅行是什么？我认为是行走、观察、倾听，尽于此。

一段旅程的结束，以此为契机开启另一段新旅程，我二十多岁时的时光就是在这样的反复中度过的。

救出小龙的艾尔玛在从动物岛回来的路上，被暴风雨卷到一座小岛上，在那里他遇到身患疾病的国王，后来艾尔玛治好了国王的病，得到了宝物。

再后来，艾尔玛和小龙回到小龙的故乡，十五条小龙的家人因为人类被关入洞穴，艾尔玛灵机一动拯救了小龙的家人，艾尔玛的冒险还在继续。

即便是长大后的今天，艾尔玛仍一直活在我的心中。

好了，接下来要去哪里行走呢？向一次全新的冒险发出邀约吧。

你的 100 个基本

把珍惜的东西、
学到的东西、
最喜欢的东西写下来，
制定你的基本吧。

001

002

003

004

005

006

007

008

009

010

011

012

013

014

015

016

017

018

019

020

021

022

023

024

025

026

027

028

029

030

031

032

033

034

035

036

037

038

039

040

041

042

043

044

045

046

047

048

049

050

051

052

053

054

055

056

057

058

059

060

061

062

063

064

065

066

067

068

069

070

071

072

073

074

075

076

077

078

079

080

081

082

083

084

085

086

087

088

089

090

091

092

093

094

095

096

097

098

099

100

生活的 100 个基本　索引

学习

家务

料理的智慧

料理的技巧

基本的味道

我家的招牌料理

饮料甜点

旅行随笔

那个国家的美味

内文装帧设计　樱井久
铃木香代子（樱井事务所）
内文照片　松浦弥太郎 / 元家健吾
插图　坂卷弓华
制作　生活基本编辑室

初见 / 生活基本
https://kurashi-no-kihon.com

图书在版编目（CIP）数据

生活的 100 个基本：过好恒常如新的每一天 /（日）松浦弥太郎著；冷婷译. -- 成都：四川文艺出版社，2020.10

ISBN 978-7-5411-5782-0

Ⅰ. ①生… Ⅱ. ①松… ②冷… Ⅲ. ①人生哲学一通俗读物 Ⅳ. ① B821-49

中国版本图书馆 CIP 数据核字（2020）第 167127 号

著作权合同登记号 图进字：21-2020-336

SHENGHUO DE YIBAIGE JIBEN

生活的 100 个基本

过好恒常如新的每一天

［日］松浦弥太郎 著　冷婷 译

出 品 人　张庆宁
策划出品　磨铁图书
责任编辑　邓　敏
责任校对　汪　平

出版发行　四川文艺出版社
社　　址　成都市槐树街 2 号
网　　址　www.scwys.com
电　　话　028-86259287（发行部）　028-86259303（编辑部）
传　　真　028-86259306
读者服务　028-86259303
邮购地址　成都市槐树街 2 号四川文艺出版社邮购部 610031
印　　刷　天津丰富彩艺印刷有限公司
成品尺寸　110mm×180mm　　开　　本　32 开
印　　张　13.5　　字　　数　170 千
版　　次　2020 年 10 月第一版　　印　　次　2020 年 10 月第一次印刷
书　　号　ISBN 978-7-5411-5782-0
定　　价　56.80 元

本书若有质量问题，请与本公司图书销售中心联系调换。电话：010-82069336